寂静的春天

〔美〕蕾切尔·卡森 —— 著
张经鹏 —— 译

山東畫報出版社

图书在版编目（CIP）数据

寂静的春天 / (美) 蕾切尔·卡森著 ; 张经鹏译 .
-- 济南 : 山东画报出版社 , 2019.7
ISBN 978-7-5474-3209-9

Ⅰ . ①寂… Ⅱ . ①蕾… ②张… Ⅲ . ①环境保护—青少年读物 Ⅳ . ① X-49

中国版本图书馆 CIP 数据核字 (2019) 第 121689 号

寂静的春天
〔美〕蕾切尔·卡森 著　　张经鹏 译

责任编辑　张桐欣
装帧设计　青蓝工作室

出 版 人　李文波
主管单位　山东出版传媒股份有限公司
出版发行　山東畫報出版社
社　址　济南市英雄山路 189 号 B 座　邮编 250002
电　话　总编室（0531）82098470
市场部（0531）82098479　82098476（传真）
网　址　http://www.hbcbs.com.cn
电子信箱　hbcb@sdpress.com.cn
印　刷　北京朝阳新艺印刷有限公司
规　格　150 毫米 ×220 毫米　1/16
16 印张　230 千字
版　次　2019 年 7 月第 1 版
印　次　2019 年 7 月第 1 次印刷
书　号　ISBN 978-7-5474-3209-9
定　价　36.80 元

走进名著

环境保护在当今国际社会是一个普遍关注的话题。保护环境，实现人与自然和谐发展已成为人们的共识。但你若有心去翻阅20世纪60年代以前的报纸或书刊，你会发现，几乎找不到“环境保护”这个词。也就是说，环境保护在那时并不是一个存在于社会意识和科学讨论中的概念，大自然仅仅是人们征服与控制的对象，而非保护并与之和谐相处的对象。

那么世界环境保护事业的发端是什么呢？答案就是1962年《寂静的春天》的出版。这本书，在20世纪60年代引发了美国甚至全世界的环境运动，唤起了人们保护环境的意识。我们国家停用DDT，开始重视环境保护，也可以说源于此。

《寂静的春天》以一个“一年到头都会令旅途中的人赏心悦目”的虚设小镇突然被“一种奇怪的‘疫病’悄然蔓延”开始，通过充分的科学论证，表明了杀虫剂破坏了从浮游生物到鱼类和鸟类直至人类的生物链，使人患上了多种疾病（包括各种癌症），并且这种情况实际上就正在美国的各地发生。由此引出了以DDT为代表的化学药剂的滥用对于水源、土壤、动植物甚至人类自身造成的不可逆转的严重危害。而且，这种危害引发了无穷无尽的恶性循环。更让人担忧的是，当时社会上的大部分人并没有意识到这种危害。作者写这本书意在唤起公众的环保意识，揭示环境污染的严峻性和环境保护的紧迫性。

为了展示杀虫剂等化学药剂的危害及其严重性，作者蕾切尔·卡森在书中列举了大量的实例，并提供了许多真实可靠而又触目惊心的数据。她谈到，某些化学药剂可以通过食物这一链条，由一个机体传至另一个机体，其影响范围非常广泛。以DDT为例，干草最初含有百万分之七至百万分之八的DDT残余，而经过奶牛吃草产奶，牛奶又制成黄油，这一系列的浓缩与转移之后，黄油里的DDT含量已经增至百万分之六十五！书中像这样的实例和数据还有很多，作者就是这样，以严谨的科学态度和深邃的洞见，以大量的事实和科学知识为依据，揭示了滥用杀虫剂等化学药剂所造成的全球性环境污染和严重的生态危机。

作为科普作品，《寂静的春天》一书中，不仅有精确的数据、严谨的术语、大量的实例，还有许多诗情画意的描写和巧妙贴切的比喻，读来一点也不枯燥。而且当你静下心来读这本书的时候，你会为书中无辜逝去的生命感到痛惜，你会为环境的污染和破坏感到震惊，你会不自觉地产生一种保护环境、拯救人类的紧迫感。可以说，该书既贯穿着严谨求实的科学理性精神，又充满着敬畏生命的人文情怀，堪称环境保护历史进程中一本具有里程碑意义的著作。

现在，就让我们一起郑重地翻开这本《寂静的春天》，感受一下文字背后所传递的深切关怀，重新接受一次环境保护的启蒙，也以此纪念一下伟大的环保主义者蕾切尔·卡森。

目 录

第一章　明天的寓言

曾经，在美国腹地的一个小镇里，所有物种与其周边环境相互依存，和谐有致。这个小镇坐落于一片富足的农场中间，种植着各种谷物的农田和山坡上的果园纵横交错，像一个硕大的棋盘。春天，盛开的花朵如片片白云，在绿色的田野上摇荡。秋天，橡树、枫树和桦树竞放异彩，在一片松林的映衬下，如火焰一般随风摇曳。狐狸在山上吠叫，鹿群借着秋日清晨薄雾的掩护，静悄悄地穿过田野。

路边的月桂、荚蒾和赤杨，还有那巨大的蕨类植物和野花，一年到头都会令旅途中的人赏心悦目。即使在冬天，道路两侧也不缺风景，数不尽的鸟儿飞来此处啄食浆果和干草穗儿。其实，这里正是以其鸟类数量丰富、种类繁多而名扬天下。春天和秋天大批候鸟涌入时，人们不惜旅途劳顿，也要前来一睹为快。也有人来此是为了去溪边垂钓。清澈而又冰凉的溪水从山间流出，绿荫掩映下的水潭，恰是鳟鱼产卵的好去处。许多年前，从第一批定居者来到这里挖井、建房、筑起谷仓开始，它就一直是这个样子。

可是后来，一种奇怪的“疫病”悄然蔓延，这一切都开始改变。小镇好像被邪恶力量诅咒：神秘的疾病横扫鸡群，牛羊纷纷患病死亡，到处都是死亡的阴影。农民们谈到的都是家人罹患的各种疾病。小镇上的医生们也对这些新出现的疾病感到束手无策。多起突发而又

无从解释的死亡病例令人们惊恐万分，不仅是成人，甚至连孩子也会在玩耍时突然发病，并在几个小时内死去。

到处都寂静得出奇。就说鸟儿吧，它们都去哪儿了？人们深感困惑，不安地谈论着。后院的喂鸟站已是空空如也，难得见到的几只鸟儿也是奄奄一息，它们浑身颤抖，再也飞不起来了。这是个没有声音的春天！知更鸟、猫鹊、鸽子、松鸦、鹪鹩，还有其他数十种鸟儿破晓的和声，曾让这里的清晨令人悸动不已，而今却全部销声匿迹；田野、树林、沼泽，一切都被无边的沉寂所笼罩。

农场里，母鸡下了蛋，却孵不出小鸡。农民们抱怨说养猪已经不可能了——生下的猪崽数量极少，而且瘦小体弱、极易早夭。苹果树开花了，但曾经在花丛中嗡嗡叫的蜜蜂却不见了。没有它们授粉，树上也就没有了果实。

曾经那么迷人的路边风景，如今只剩两旁焦黄枯萎的草木，仿佛刚刚遭受了火灾的浩劫。这里也是一片沉寂，仿佛已被所有的生命遗弃。就连溪水里也没有了生命。垂钓者再也不来了，因为鱼全死光了。

屋檐下的排水沿里、屋顶的瓦片之间，依然可以看到斑斑点点的白色粉粒；几个星期前，这种粉粒如雪花一般飘落在屋顶、草坪、田野和溪流。

没有巫术，也没有敌人的破坏。在这个饱受灾难的世界里，让这些生命归于沉寂、无以复生的，正是人们自己的行为。

这个城镇实际上并不存在，但在现实中，很容易在美国或世界其他地方找到上千个类似的城镇。我知道，并没有哪个城镇经历过我所描述的所有不幸。然而，其中的每一种灾难都曾在某个地方发生，而且真的有许多城镇的的确确已经遭受了其中的多种灾难。一个可怕的幽灵正在悄悄地向我们逼近，这个想象中的悲剧很有可能成为我们不得不面对的严酷现实。

究竟是什么让美国无数个城镇的春天沉寂下来？本书将尝试着做出解释。

第二章　忍耐的义务

地球上的生命史始终是生物与周围环境相互作用的历史。在很大程度上，地球上的植物和动物的自然形态和习性都是由环境塑造的。在地球漫长的历史中，生物改造周围环境的反作用力其实是微不足道的。直到人类这一物种出现，尤其是进入本世纪[①]以来，生命才获得了改造自然的巨大力量。

在过去的二十五年里，这种力量的快速增长达到令人不安的程度，而且已经发生了质的变化。人类对环境展开了肆意的攻击，最令人惊警的是，他们正在用危险甚至致命的物质污染着空气、土壤、河流和海洋，这种污染多半都是不可逆的。它所引发的一连串的恶果不仅损害了生物生存的环境，并且污染物已经进入了生物体内部的组织，这种结果也是不可逆的。在目前，这种普遍的环境污染中，化学物质已经成了放射线的邪恶帮凶，正在悄然改变着自然界及生命。比如锶-90，它通过核爆炸被释放到空气中，随着雨水、浮尘降落到地面上。之后，它沉降在土壤中，被生长在那里的青草、谷物或小麦所吸收，如此一来，它终将进入人体，深入他的骨髓安营扎寨，直至他

---

① 本世纪指 20 世纪。

最终死亡。同样，喷洒在农田、森林或菜园的化学药品长期滞留于土壤中，通过食物链逐级传递并累积，最终引发连锁中毒和死亡。或者，它们也可能通过地下水神秘地转移行踪，直到它们再次出现，然后在空气和阳光共同作用下形成新的物质，开始毒杀植物或家畜，并悄无声息地毒害着那些饮用曾经纯净的地下井水的所有生物。正如阿尔贝特·施韦泽[①]所说："人类根本无法辨认出自己创造的恶魔。"

如今存活于地球的生命经历了亿万年的发展、进化和演变，逐渐达到了与周围环境的协调和平衡。在严格地塑造并支配生命的环境中，包含着各种对生命有害和有益的元素。比如某些岩石就会发出危险的射线；再比如，即使是在所有生物赖以获取能量的太阳光中也存在着具有杀伤力的短波辐射。不过，只要时间足够，生物总能适应环境，从而达到一种新的平衡，只是这个时间不是以年计，而是以千年计。所以，时间是基本要素，可是在现今这个世界里，这样的适应时间已经不复存在了。

新形势产生之迅速以及变化之迅猛，追随的是人类浮躁而轻率的步伐，而不是遵循大自然从容不迫的节奏。放射作用已经不再仅仅是指岩石的基本辐射、宇宙的射线以及太阳的紫外线辐射——它们早在地球出现生命之前就已存在。如今所谓的放射物是人类通过篡改原子结构而创造出来的非自然的物质。生物不得不通过自我调整来适应的化学物质，不再只是从岩石中冲刷而出、随着河流一路奔腾入海的钙、硅、铜以及其他各种矿物质。它们是人类通过自己聪明的头脑在实验室里创造出的合成物，在自然界中是找不到与它们相生相克之物的。

适应这些化学物质是需要时间的，而时间的长短要以大自然自己的尺度来把握；它不会是一个人的有生之年，而是需要历经数代。即

---

① 阿尔贝特·施韦泽（Albert Schweitzer，1875—1965）：20世纪人道精神划时代伟人、著名学者以及人道主义者，具备哲学、医学、神学、音乐四种不同领域的才华，提出了"敬畏生命"的伦理学思想。

使借助某种奇迹使人类适应这些化学物质成为可能也是无济于事的，因为来自我们实验室的新化学物质始终在源源不断涌入自然界。仅在美国，每年差不多就有五百种新的化合物被投入实际应用。不仅数字惊人，而且其后果也难以预测——每年五百种全新化学品需要人和动物的身体设法适应，而且这些化学品都是它们此前从未体验过的。

这些化合物中，许多是人类用来对抗自然界的。自20世纪40年代中期开始，超过两百种基本化学物质被人类创造出来，用于杀死昆虫、杂草、啮齿类动物和其他俗称为“害虫”的生物。这些化学物质被制造成几千种不同品牌的商品出售。

这些喷雾剂、粉剂和气雾剂现在几乎遍布农场、花园、森林和民宅，它们全部是非选择性的化学药品，能杀死所有的昆虫，不论“好”与“坏”；它们能让鸟儿停止歌唱，让溪水中的鱼儿停止跳跃；它们能让树叶覆上一层致命的药膜，能长期沉积在土壤中——造成所有这些恶果之初衷，却仅仅是为了除掉某种昆虫或某类杂草而已。会有人相信地球表面铺满如此多的毒素却又不会危及所有生命吗？它们不该被叫作“杀虫剂”，而应该称为“杀生剂”。

整个喷药过程似乎已经陷入一个无穷无尽的死循环。自从DDT[①]被投入民用以来，毒性更强的物质就不断被发明，从而形成了一个逐步升级的趋势，因为许多昆虫都进化成了超级物种，可以对使用过的特定杀虫剂产生抗药性，从而也有力证实了达尔文适者生存的理论；于是，人类只好研发更致命的药物，昆虫再适应，然后毒性更强的药物再度被发明……如此循环往复。之所以这样，也是因为在喷药后，害虫经常会“死灰复燃”，再度猖獗起来，而且数量远超从前——其中的缘由后文会有叙述。因此可以说，这场化学战人类永远不可能取胜，而所有的生命都在激烈交火中受到伤害。

不仅核战争有灭绝人类的可能性，我们这个时代还有一个核心问

① DDT：又称滴滴涕、二二三，化学名为双对氯苯基三氯乙烷，是有机氯类杀虫剂。

题：整个人类的生存环境已被潜在危害惊人的物质所污染——它们进入植物和动物的组织中，甚至渗入生殖细胞，破坏或改变了生物的遗传基因。

一些人自诩为人类未来的设计师，他们热切地期待某一天可以随心所欲地设计和改变人类细胞的原生质。其实，我们现在仅仅由于疏忽就可以轻松做到。比如：许多化学物质如同放射线一样，可以导致人类发生基因突变。人类使用的一些看似微不足道的昆虫喷雾剂，竟然决定了人类的未来，这真是莫大的讽刺。

承担了所有这些风险——目的何在呢？未来的历史学家可能会惊愕于我们在权衡利弊时表现出的低下判断力——有理性的生物怎么可能仅仅为了控制几种不需要的物种链而走险，居然使用污染整个环境、同时又将疾病和死亡的威胁带给自己的办法？

然而，这正是我们所做过的。而且，我们这么做的理由可谓一击即破。我们被告知：若想维持农场产量，则必须大量使用农药。可是，我们最头痛的问题难道不正是“生产过剩”吗？我们的农场要么减少耕地面积，要么额外付钱给农户让他们不再生产，尽管如此，农作物产出过剩仍然大得惊人。仅1962年，美国纳税人就支付了超过十亿美元用于过剩粮食作物的储存。农业部的一个部门试图减少粮食生产，而另外一个部门却又在唱反调，比如1958年所作的声明：“据信，在土地休耕补贴制[①]的条款规定下，耕地面积的减少势必刺激化学农药的使用，以求获得现有土地的产量最大化。”这样下去，对于我们担忧的情况会有何补益？

这并不是说没有害虫问题，或是没有害虫防控的必要。只不过我要说的是，防控必须结合现实，而非虚构臆想的状况；而且，所采用的方法亦需理性，以确保人类自己不会随昆虫一起被消灭掉。

试图解决某一问题却随即引发一连串的灾难，这正是我们现代生

① 土地休耕补贴制：付钱给农户，鼓励他们将耕地转产，种植其他肥沃土壤的作物品种的联邦政策。

活方式的"衍生物"。远在人类出现之前，昆虫就已栖居于地球上——那是一群种类繁多、适应力极强的生物。自从人类出现以来，五十多万种昆虫之中确有一小部分渐渐同人类的利益发生了冲突，主要表现为两种方式：一是成为争夺食物的竞争者，二是作为疾病的传播者。

人口聚居之地，携带疾病的昆虫已成为重大威胁，尤其是在卫生条件较差的情况下，如自然灾害、战争或在极端贫困和资源匮乏的处境中。这时，采取某种防控措施的确很有必要。然而，大规模化学防控法功效却极为有限，而且还有可能使其意在遏制的状况进一步恶化，这是一个发人深省的事实，正如我们目前所见。

在原始的农业条件下，农民很少会遇到昆虫灾害的问题，这些问题都是伴随农业的集约化生产——即大面积种植单一作物而出现的。这种生产模式恰恰为某些昆虫数量的爆炸式增长创造了有利条件。单一作物耕作并不符合自然界发展规律，它大概是工程师设想出来的农业生产方式。大自然为大地景观赋予了多样性，人类却偏偏热衷于将它单一化。于是，人类亲手破坏了自然界所固有的制约与平衡的机制，而大自然正是靠这一机制才将各物种控制在合理限度之内。其中一个重要的制约机制就是对每一物种的栖息地范围的限制。那么很显然，对食麦昆虫而言，如果一块地只种植麦子，而不是与这些昆虫所不适应的其他作物混种的话，则其种群在此繁殖起来就会快得多。

同样的事情在其他情形下也发生过。在这一代人或更久以前，美国许多地区的城镇都给道路两旁种上了雄伟的榆树。而今，他们满怀希望创造的美景却面临着彻底毁灭，因为一种甲虫携带的疾病席卷了榆树种群；如果当初种植的树种丰富、多元，而非独尊榆树的话，这种甲虫大量繁殖和蔓延的概率自然就小得多了。

现代昆虫问题的另外一个方面则须放在地质历史及人类历史的背景中来考量，即数以千计的不同种类的生物从它们的原生栖息地向新的区域不断蔓延、入侵的问题。有关这一世界范围的大迁徙，英国生态学家查尔斯·埃尔顿在其最新力作《入侵生态学》中进行了详尽的探究和生动的描述。在亿万年前的白垩纪[①]时期，肆虐的大海切断了许多连接大陆板块的陆桥[②]，那时的许多生物发现自己被困在了被埃尔顿称为“巨大的、隔离的自然居留地”里。在那里，由于它们与同类的其他成员隔绝，从而进化出了许多新的物种。而大约一千五百万年以前，某些大陆板块又重新连了起来，于是这些物种开始向外迁移，侵入新区域——如今，这一迁徙运动不但仍在进行当中，而且还得到了人类的鼎力相助。

植物的引进是昆虫迁移的首要原因，因为动物几乎总是会随植物一同迁徙。至于检疫，那不过是新近出现的措施而已，况且还不是完全有效。单是美国植物引进局就已经从世界各地引入了近二十万种植物品种。在美国，植物所遭受的大约一百八十种主要害虫天敌当中，有近一半是从国外意外入境的，其中大部分都是搭着植物的便车而来。

在新的领地里，入侵的植物或动物能够得以大量繁殖，因为它们摆脱了本土环境中控制其种群数量的天敌。如此看来，给我们制造最大麻烦的昆虫往往都是外来品种，这显然绝非偶然了。

这样的入侵，不论是自然发生的，还是靠人类协助而来的，都有可能无休止地持续下去。检疫也好，大规模化学攻势也罢，都只不过是拖延一点点时间而已，而且还要支付极其高昂的费用。按埃尔顿博士所说，我们面临的“生死攸关的迫切需求绝不仅仅是寻找新的技术方法来控制这种植物或那种昆虫”，而是需要了解动物繁殖及它们与周围环境的关系，这样才能“促成更加稳定的平衡，并抑制虫灾再次爆发或新的害虫入侵”。

---

① 白垩纪：中生代的第三个也是最后一个纪，始于约 1.4 亿年前，延续约 7000 万年。这一时期形成的地质层称为白垩系。发生在白垩纪末的恐龙、菊石等生物类群大灭绝事件是中生代与新生代的分界。

② 陆桥：史前连接两块大陆的狭长地带。

许多必需的知识其实唾手可得，可惜我们不去利用。我们的大学培养了生态学家，我们的政府机构里也雇用了他们，可是我们很少接受他们的意见。我们任由致命的化学药剂如降雨一般喷洒，似乎别无他法，而实际上我们却不乏选择，而且只要给予机会，凭借我们的创造力还会发现更多选择。

难道是我们已经陷入被催眠的状态，使得我们甘愿接受低劣而有害的选择，仿佛我们已丧失了索求更好选择的意志力和判断力？这样的想法，用生态学家保罗·谢帕德的话来说，就是“刚刚摆脱了困境，环境之恶劣似乎也可以勉强容忍，于是便自以为过上了完美生活……我们为什么要容忍含有慢性毒素的饮食、环境萧索的家园？容忍朋友圈里的人只是算不上敌人、机器的噪音只是勉强没让人发狂？谁愿意生活在一个只是还不算太致命的世界？”

然而，我们正生活在这样的世界里。为了创造一个无菌、无虫害的世界而发动的这场化学圣战，似乎激发了许多专家和大部分所谓防控机构的盲目热情。无论从哪个方面看都有足够证据表明，那些致力于喷药行动的人都在滥用手中的生杀大权。正如康涅狄格州昆虫学家尼利·特纳所说：“那些负责监管的昆虫学家们集多重角色于一身——公诉人、法官和陪审团、估税员、征税员以及执法者，以便强行实施他们自己发布的命令。”无论是在各州还是联邦政府部门中，明目张胆地滥用职权均未受到任何约束。

我所主张的并非完全不能使用化学杀虫剂，但我想说的是，我们居然把有剧毒的和危害生物的生化药品随意交到了那些对其潜在危害知之甚少甚至一无所知的人手中。我们迫使大量的人群与这些毒药接触，却没有征得他们的同意，甚至没有赋予他们应有的知情权。如果说民权条例并未列出任何条款，规定公民有权不受任何私人或公职人员散播的致命毒药之侵害的话，那无疑也只是因为我们的先贤们再怎么智慧过人、洞察先机，也不可能预知后世居然会有此类问题。

此外，我还要强调的是，我们居然容许这些化学药物投入使用，而事前却几乎没有调查它们对土壤、水源、野生生物乃至人类自身的影响。我们对负担世间万物生命的自然界如此漫不经心、不审不慎，此等所作所为不大可能会得到子孙后代的宽恕。

对于自然界所受的威胁，我们的认识仍然非常有限。这是一个专家的时代，可是每一位专家看到的都是自己领域的问题，至于这些问题背后那个更加宏观的架构，他们却要么意识不到，要么不容异说。这也是一个由工业主宰的时代，在这里，不惜一切代价去赚钱的权利很少受到人们的质疑。当公众面对施用农药造成的破坏性后果的确凿证据而提出抗议时，喂给他们的一定是半真半假的镇定药丸。我们迫切需要尽快结束这些虚假的保证，撕开这些丑恶事实外面包裹的糖衣。昆虫防控人员造成的危险，被迫承担者却是公众。因此，必须由公众来决定是否愿意沿着目前这条路走下去，而只有在掌握全部事实真相之后，这一决定才有可能做出。诚如让·罗斯丹[①]所言："既然有忍耐的义务，就该赋予我们知情的权利。"

---

① 让·罗斯丹（Jean Rostand，1894—1977）：法国生物学家、科普作家、道德学者。他在把生物学介绍给大众的同时，却一再提醒公众注意由这种科学引发的人类问题，因为他认为生物学还承载着道德。他还是一位和平主义者，反对核武器，反对死刑，是坚定的无神论者、自由思想者。

第三章　死神的灵丹

如今，每一个人从形成胚胎的那一刻起，直到死亡为止，都无法避免与危险的化学品接触，如此的现状在世界历史上前所未有。合成农药的使用不过区区二十年，可是它们已经遍及整个生物界和非生物界，无所不在。在大部分河流水系中，甚至在我们看不见的默默流淌的地下潜流中都已检测出这些药品。这些早在十几年前被施入土壤的化学品至今仍有残留，它们已经侵入鱼类、爬行类、鸟类以及家畜和野生动物的躯体内，如此普遍，以至于进行动物实验的科学家们发现，要想找到完全未受污染的实验物几乎是不可能的。生存在偏远的山间湖泊的鱼类、土壤中蠕动的蚯蚓体内以及各种鸟蛋内都已测出该类物质，这些化学品现已贮存在绝大部分人体内，无论长幼。它们也存在于母乳中，或许还存在于尚未出世的婴儿的细胞组织内。

所有这一切的发生，都是由于一个产业的突然崛起和异乎寻常的发展，即具有杀虫性能的人造合成化学品的生产。这一产业是第二次世界大战的产物，当年在为化学战开发药剂的过程中，人们发现某些在实验室里制造出的化学物质对昆虫具有致命杀伤力。这一发现其实绝非偶然——昆虫一直被广泛用于测试化学药品，充当人类死亡的“替罪羊”。

结果，合成杀虫剂似乎从此便一发而不可收。由于是人工合成的——在实验室里对分子进行巧妙的处理：置换原子或改变原子的排列顺序——它们同战前使用的比较简单的杀虫剂已经截然不同，那些药剂源自自然存在的矿物质和植物代谢产物，比如由砷、铜、锰、锌及其他元素组成的化合物，用菊属植物的干花制成的除虫菊，从某些烟草类植物中提炼的尼古丁硫酸盐，以及从东印度群岛的豆科植物中提取的鱼藤酮①。

这些新型合成杀虫剂的不同之处在于它们具有强大的生物效用，它们的药力之大不仅在于其毒性，而且它们能直接参与生物体内最重要的生理过程，使其发生障碍，甚至是致命的恶变。于是，我们终将看清，它们会恰好破坏那些用以保护机体免受危害的酶，它们会阻滞机体获取能量的氧化过程，它们会妨碍各种器官的正常功能，而且，它们还会在某些细胞组织内引发一种缓慢但不可逆的变化，并最终导致恶性病变。

然而，新的更加致命的化学药物还在逐年增加，而且用法也在不断推陈出新，因此，与这些物质的接触事实上已是遍及全球。仅在美国境内，合成杀虫剂的产量就从 1947 年的 1.24259 亿磅激增至 1960 年的 6.37666 亿磅——增加了五倍多。这些产品的批发总价值就已经远远超过 2.5 亿美元，可是在这个产业的前景规划和预期中，如此巨大的产量还只是刚刚开始而已。

因此看来，一本杀虫剂名录确实与所有人息息相关。如果我们要同这些化学药物如此亲密地生活在一起，吃着、喝着它们，把它们吸入我们的骨髓的话，我们还是了解一下它们的性质和药力为好。

尽管第二次世界大战标志着一次转型——杀虫剂已经由无机化合物转向碳分子的奇妙世界，可是有几种旧原料还是存留了下来，其中主要的一种是砷，它仍然是多种除草剂和杀虫剂的基本成分。砷是一

① 鱼藤酮：一种强效杀虫剂，白色，无味，晶体状，提取自豆科鱼藤属植物的根部。

种剧毒无机物，广泛存在于各种金属矿石中，在火山、海洋及泉水中也有极小含量。它同人类的关系可谓由来已久：从波吉亚家族①那个时代之前直到如今，它一直都是谋杀者的最爱，因为砷化物大多无味。英国烟囱的煤烟中含有砷，其中的某种芳香烃②被确定为基本致癌物质，这一点早在大概两个世纪前就已经被英国的一位医师证实。长期以来，慢性砷中毒引发的波及整个族群的多次疫情均有案可查。被砷污染过的环境也曾导致马、牛、羊、猪、鹿、鱼类和蜜蜂患病或死亡。尽管有这么多记载，含砷的喷雾剂及粉剂仍在广泛使用。在美国南方使用含砷喷雾剂的产棉乡里，整个养蜂业已几近消亡；长期使用砷制剂的农民一直饱受慢性砷中毒的折磨，大量牲畜也被含砷的农作物喷剂或除草剂毒害；从蓝莓地里飘出的砷粉剂散落在附近的农场，污染了河流，毒死了蜜蜂和奶牛，也使人类染上了疾病。身为环境致癌问题的权威人士，美国国家癌症研究所的 W.C. 惠珀医生曾说："在施用砷化物时，简直不可能再有比我国近年来一直奉行的这种完全无视公众健康的做法更加漠视的态度了。凡是现场目睹过工人如何操作含砷农药撒粉器和喷雾器的人，对于喷洒这种有毒物质时采取的极端草率的态度，必定印象深刻。"

现代杀虫剂更加致命，其中绝大部分可以分别纳入两大类化学品。其中一类以 DDT 为代表，被称为"氯化烃"；另外一类则为有机磷杀虫剂，其代表产品是为人熟知的马拉硫磷和对硫磷。如上所述，它们均有一个共同点：都是基于碳原子构建而成，而碳原子同时也是生命世界不可或缺的基本元素，并因此被划分为"有机物"。要想了解它们，我们必须搞清它们是由哪些物质形成的，以及它们怎么会轻

---

① 波吉亚家族：同时拥有意大利和西班牙贵族血统的罗马教皇家族，曾前后出过三位教皇，在 15—16 世纪，其家族影响力遍及整个欧洲。正是由于这个家族对艺术的支持，文艺复兴才得以迅速发展，涌现出了众多不朽的艺术家。不过这也是一个恶名昭著的家族，曾被指控的诸多罪名包括买卖圣职、通奸、强奸、乱伦、谋杀等。该家族有一种祖传秘制毒药"坎特雷拉"，据传说其主要成分为尸碱和砒霜（即砷）。

② 芳香烃：芳香族碳氢化合物。烃即碳氢化合物。后文提到的氯化烃，即氯化碳氢化合物。

而易举摇身一变，使自己成了致死剂——尽管它们原本是与一切生命的基础化学息息相关的。

碳是这样一种基本元素：它的原子具有极强的结合能力，可以彼此结合成链状、环状以及其他各种构型，还能与其他物质的原子键合①起来。事实上，生物之所以具有不可思议的多样性——微小如细菌、巨大如蓝鲸，很大程度上就是由于碳的这种能力。复杂的蛋白分子即是以碳原子为基础，正如脂肪、碳水化合物、酶以及维生素的分子一样。大量的无机物也可由碳构成，因此碳不一定只是生命的象征。

某些有机化合物仅仅是碳和氢的化合物，其中最简单的为甲烷，或称沼气，是水下的有机物质在细菌分解的作用下形成的。若甲烷以适当的比例与空气混合，便成了煤矿井下恐怖的“瓦斯”。它的分子结构简单而美观——由一个碳原子和四个氢原子组成：

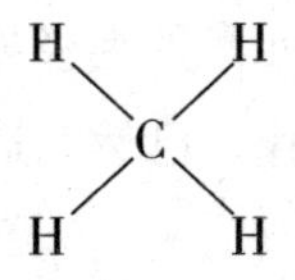

化学家们发现可以将其中一个或全部氢原子替换成其他元素，比如，以一个氯原子取代其中一个氢原子，我们便可制成一氯甲烷：

H Cl
C
H H

除去三个氢原子并以氯代之，我们便得到了用作麻醉剂的氯仿：

H Cl
C
Cl Cl

以氯原子取代全部氢原子，结果则为四氯化碳，即为人熟知的洗

① 键合：化学含义是指相邻的两个或多个原子间强烈的相互作用。原子以“键”的方式联在一起形成分子，不同的原子以各种不同的键合方式结合在一起，便组成了各种不同的物质。

涤液：

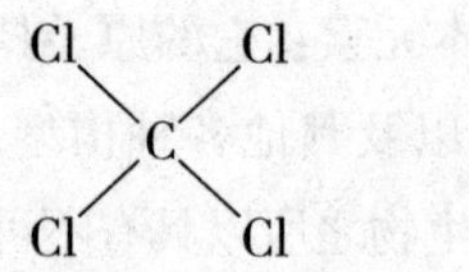

用最简单的术语来说，仅环绕基本的甲烷分子即可产生这么多种变化，那么氯化烃究竟何方神圣便可见一斑了[①]。不过，这“一斑”对于说明“烃”的化学世界真正的复杂性，或者说有机化学家为创造变幻无穷的物质而使用的操作手段之复杂性，所能提供的线索其实微乎其微，因为他操作的不是仅有一个碳原子的甲烷分子，而是由许多碳原子组成的碳氢化合物分子，它们可以排列成环状或链状，外加侧链和支链，连接它们的化学键不单单是氢原子和氯原子，还有多种多样的化学基团。哪怕稍作微不足道的变动，该物质的整个特性便会随之改变。不仅附着于碳原子的元素种类极为重要，就连附着的位置也同样重要。仅凭类似的巧妙操作，已然制造出一系列具有真正非凡药力的毒剂。

DDT（二氯二苯三氯乙烷的简称）是由一位德国化学家于 1874 年最早合成的，不过它作为杀虫剂的性能却直到 1939 年才被发现；随即，DDT 就被誉为可以根除害虫传播的疾病、一夜之间让农民战胜那些庄稼虫害的灵丹妙药；其发现者——瑞士人保罗·穆勒荣膺诺贝尔奖。

由于现今 DDT 的应用已经非常普遍，以至于在大多数人心目中，这种药品仿佛成了日常用药，摆出了一副无毒无害的样子。或许 DDT 的无害神话还找到了一个事实做依据：它的最初用途之一是在战争期间，为了对抗虱子，成千上万的士兵、难民和俘虏都被喷上了药粉。于是人们普遍相信，既然那么多人曾与 DDT 极其亲密地接触而又没

① 甲烷分子仅为“一碳四氢”，即可产生如此多的变化，而烃——即碳氢化合物的分子结构远比甲烷分子复杂得多，其变化之多自然不言而喻。

有遭受任何直接的不良影响，那么这种化学药品当然是确定无害的。这种谬见倒也不难理解，因为它是基于这样的一个事实——DDT 跟其他氯化烃类药物不同，它以粉剂形式存在时，不会轻易地通过皮肤被人体吸收；但是倘若溶于油剂，如它通常的用法一样，则 DDT 肯定有毒。若被吞咽，它就会通过消化道被慢慢吸收，也有可能通过肺部被吸收。一旦进入了人体，它会主要贮藏在富含脂肪的器官内（因为 DDT 本身是脂溶性的），比如肾上腺、睾丸或者甲状腺；还有相对较大的药量则堆积在肝脏、肾脏以及包裹并保护着肠道的肥大的肠系膜脂肪里。

DDT 的贮存始于你能想象得到的最小的药物摄入量（大部分食品中都会有这样的药物残留），然后不断地累积，最后达到相当高的浓度；而上述那些堆积着大量脂肪的贮藏所，其功能无异于"生物放大镜"，以至于小到饮食中千万分之一的摄入量最终会累积到百万分之十到十五的药量——增加了一百余倍。这些参考数据对于药剂师或药理学家而言早已司空见惯，可是我们当中多数人都还蒙在鼓里。百万分之一的量听起来似乎很小，事实也的确如此，不过这种物质药力之强，使它以极其微小的药量就能给人体带来巨大的变化。已在动物实验中发现，百万分之三的药量就足以抑制心肌中一种必需酶的分泌；仅百万分之五的药量就会引起肝脏细胞的坏死甚至分解；与之相似的两种农药——狄氏剂和氯丹仅需百万分之二点五的药量，即可达到同样效果。

这其实不足为奇，在正常的人体化学中，因与果之间的关系就是这么不对等。比如，少到 0.2 毫克的碘就足以成为健康与疾病的分界线。这些杀虫剂虽然量小，但是由于它们不断累积，且只能慢慢排泄出体外，那么肝脏和其他器官的慢性中毒及退化病变的威胁就绝非危言耸听了。

针对人体究竟能贮存多少 DDT 这一问题，科学家们各持己见。美国食品药品监督管理局（食药监局）的首席药理学家阿诺德 · 雷曼博士说，人体既没有一个下限使其不会吸收DDT，也没有一个上限使其停止对DDT的继续吸收和贮存。而另一方，美国公共卫生署的维兰德·海耶斯博士则坚称，DDT在每个人体内都会达到一个平衡点，超出此量的DDT会被排出体外。实际上，这两派人孰是孰非其实并不是特别重要，因为有关DDT在人体内贮存量的调查早就有过，而且我们已确知，一般人体内的贮存量都已经达到具有潜在危害的程度。多项研究均表明：无任何已知农药接触史的人（不可避免的饮食接触除外）体内的平均贮存量为百万分之五点三到七点四；农业工人可达百万分之十七点一；而杀虫剂生产厂的工人竟高达百万分之六百四十八！由此可见，已被确证的贮存量差异已是相当之大，而更关键的是：上述最低的含量也已经超过可能开始伤害肝脏及其他器官或组织的标准。

DDT及其同类药品最危险的特性之一，是它们会通过食物链的各营养级由一种生物传至另一种生物。比如，苜蓿地撒过了DDT粉剂，随后从这里割苜蓿喂养母鸡，母鸡就会产下含有DDT的鸡蛋。再比如，将农药残留量为百万分之七到百万分之八的干草喂给奶牛，那么它们产的牛奶中DDT的含量约为百万分之三，可是在以此牛奶制成的奶油中，其浓度可能飙升至百万分之六十五。通过这样的一个转移过程，本来极小量的DDT却有可能通过浓缩达到极高的浓度。尽管美国食药监局明令禁止州际商业中装运的牛奶出现杀虫剂残留，可是如今农民到哪儿才能给他们的奶牛找到无污染的饲料呢？

毒素还可能通过母婴传播。美国食药监局的科学家们已经在送检的母乳样品中检测出残留的杀虫剂，这就意味着母乳喂养的婴儿每天都在接收着少量但不间断的药物摄入，促使其体内有毒化学物质的负载不断增加；然而，这还绝非他的初次接触毒素——完全有理由相信，他的受毒史始于他在母亲子宫内，因为在动物实验中，氯化烃类杀虫剂可自由穿越胎盘这道屏障——而正是这道保护层隔开了胚胎和母体中的有害物质。尽管婴儿以此方式摄入的药量通常很小，却也不能等闲视之，因为婴儿免疫力比成人弱，更容易中毒。这一现状同时也意味着：如今，每个人通常都是在一出生时就已经贮存了第一剂毒素，而此后的每一天，他的身体都不得不承担这一与日俱增的药物重负。

这一切事实——最初虽低的贮存量，随后的不断累积，以及在正常饮食状态下也可能轻易发生的肝损伤病例的一再出现，使得国家食药监局的科学家们早在1950年就已宣称“DDT的潜在危害极有可能一直被低估”。药物史上还尚未出现过类似状况，最终的后果如何也还无人知晓。

氯丹，另外一种氯化烃类农药，具有DDT全部令人讨厌的属性，还要加上它自身独有的一些特性。它的残毒会长期存留于土壤、食品或者任何施用过它的物体表面，难以降解。氯丹会利用一切可能的途径进入人体：通过皮肤接触被吸收，以喷雾或粉剂形式被吸入；若其残留物被吞食，则会通过消化道被吸收。同其他所有氯化烃一样，它的沉积物也会在体内日积月累地积聚起来。哪怕饮食中仅含百万分之二点五的微量氯丹，也会最终导致受检动物的脂肪里高达百万分之七十五的贮藏量。

像雷曼博士这么经验丰富的药理学家也曾在1950年描述氯丹时说它是“毒性最强的杀虫剂之一，任何人接触它都有可能中毒”。可是，看看郊区居民将氯丹掺入草坪治理粉剂时那股子豪爽和洒脱，你就知道博士的这一警告根本没被放在心上。就算那个郊区居民没有立即发病，这个事实也不能说明什么，因为毒素可能会在他的体内长期潜居下来，数月甚至数年后才会毫无征兆地表现出来，而此时已经几乎不可能追踪到患病的源头了。有时恰恰相反，死神可能很快到来。有一位受害者意外将浓度为25%的工业溶液洒在了皮肤上，结果不到四十分钟便出现中毒症状，未及获得医疗救助便失去生命了。在此类中毒中，别指望你能收到什么预警，进而获得及时的治疗。

七氯作为氯丹成分之一，同时也以独立的药物制剂被推向了市场。

它在脂肪中贮存的能力极强，哪怕饮食中只含有百万分之零点一的微小药量，人体内就会出现含量明显可计的七氯。它还具有一种神奇的能力，可以随着环境改变，变成一种化学性质全然不同的物质，称为环氧七氯。在土壤及动植物的体内也能发生这种变化。对鸟类所做的试验表明，由此变化而来的环氧七氯，其毒性比变化之前更强，而变化前的毒性已是氯丹的四倍。

早在 20 世纪 30 年代中期，有一种特别的烃类农药——氯化萘，被发现会导致人患肝炎，而且还会使职业接触者罹患一种罕见且几乎无法医治的肝脏疾病。它们已经导致多例电业工人患病及死亡；而在农业界近期病例中，它们已被认定为一种神秘且通常会致命的牛畜疾病的诱因。鉴于这些先前病例，如果说下面这三种相关杀虫剂是所有烃类农药中毒性最强的也就不足为奇了，此三者分别为：狄氏剂、艾氏剂和异狄氏剂。

狄氏剂是以一位德国化学家狄尔斯的名字命名的，若将其吞咽，其毒性约为 DDT 的五倍，可是当含狄氏剂溶液由皮肤吸收后，其毒性则相当于 DDT 的四十倍。它可谓恶名昭著，因为它直接攻击神经系统，且来势凶猛，药力可怕，能使受害者瞬间发生痉挛；中此毒者康复极其缓慢，足以表明其毒效慢而持久；同其他氯化烃一样，其长期毒效包括对肝脏的严重损伤。狄氏剂残留时间长、杀虫作用显著的特点使其成为当今最常用的杀虫剂之一，而其施用后随之带来的骇人听闻的野生生物灭绝却被完全无视。在鹌鹑和山鸡身上所做的实验表明，其毒性约为 DDT 的四十到五十倍。

狄氏剂如何在人体内贮存或分布，以及如何排泄出去？我们在这些问题上存在着巨大的知识缺口，因为化学家们在发明杀虫剂方面的创造才能早就远远超越了有关这些毒药如何危害生命的生物学知识。然而，种种迹象均表明，它们会长期贮存于人体内，其沉积物仿佛一座休眠的火山，潜伏着，只等着人体进入生理压力期、不得不动用体内脂肪储备时，它们才会骤然发作。目前我们确已获得的知识大部分来自我们在世界卫生组织开展的那次抗疟疾运动中的艰难经历。当时因为传播疟疾的蚊子对 DDT 已经产生了耐药性，于是决定在疟疾防治工作中使用狄氏剂取代 DDT，结果喷洒人员中随即便出现了多例中毒病例。发作来势凶猛——半数乃至全部的受害者（因不同的工序而异）发生痉挛，并有数人死亡。也有人在最后一次接触农药长达四个月后才发生惊厥。

艾氏剂是一种多少有点神秘的物质，因为尽管是以独立的实体存在，但它同时又和狄氏剂保持着“我中有你”的密切关系。把胡萝卜从施用过艾氏剂的田里拔出来，你会发现它们居然含有狄氏剂的残留。这种转变在生物组织和土壤里都有发生。如此炼丹术般的神奇转变曾使多项研究出现过误报，因为如果一位化学家已知这里施用过艾氏剂，而欲对它加以化验的话，他就会上当受骗，以为所有的残留物均已降解。可是残留依旧在，只是变成了狄氏剂，需要不同的化验方法而已。

同狄氏剂一样，艾氏剂毒性极强，可以造成肝脏和肾脏的退行性病变。仅需相当于一小片阿司匹林大小的剂量，就足以杀死四百只鹌鹑。多次人类中毒的病例均有案可查，其中多数病例都与产业内直接接触该药剂有关。

艾氏剂跟同类的多数杀虫剂一样，会给未来投下可怕的阴影——不孕症的阴影。喂食过艾氏剂的野鸡，虽然因剂量小而不足以致命，但其产蛋量会减少，而且孵出的雏鸡也很快夭折。此影响并不仅仅限于鸟类，接触过艾氏剂的老鼠受孕率也会降低，其幼崽也都体弱多病、容易早夭；受过毒的母狗生下的幼犬活不过三天。尽管方式各不相同，可是新生代总会因上一代中毒而遭受厄运。没人知道同样的效果是否会在人类身上再现，可是这种化学药剂却一直用飞机在郊区和田野上空喷洒。

异狄氏剂是所有氯化烃类药物中毒性最强的，尽管在化学性质上与狄氏剂密切相关，可是其分子结构稍加改变，毒性便已相当于狄氏

剂的五倍。与之相比，DDT——这类杀虫剂的鼻祖——简直就显得无毒无害了。对于哺乳动物而言，它的毒性是DDT的十五倍；对于鱼类而言，它的毒性则为DDT的三十倍；而对于某些鸟类而言，其毒性更是约为DDT的三百倍。

异狄氏剂投入使用的十年间，已经杀死了大量的鱼类，毒害了误入施药果园的牛畜，使多处井水染毒，并引起至少一个州级卫生部发出强烈警告：不负责任地草率使用异狄氏剂已经在危害人类的生命。

然而，在多例极其悲惨的异狄氏剂中毒案例中，有一起案例看起来并非因草率粗心造成，而是已尽力采取过足够充分的预防措施。一名刚满周岁的婴儿随父母从美国迁至委内瑞拉居住，可是他们入住的房子里有蟑螂，于是几天后施用了一次含异狄氏剂的喷雾。在某日早九点开始喷洒前，婴儿及一条小宠物犬被带出房外；喷洒后也对地板做过了清洗；婴儿和小狗在下午三四点钟才被带回到房子里。大约一小时后，小狗开始呕吐、痉挛，随后死亡。同日晚十点，婴儿也出现呕吐，进入痉挛状态，并失去了意识。自那次与异狄氏剂的灾难性接触后，这名正常健康的孩子便几乎成了植物人——看不见，听不见，经常出现肌肉痉挛，显然他已经完全与周围环境隔绝了。在纽约一家医院所做的数月治疗也没能改变他的病情或带来好转的迹象。主治医师的报告中说："任何有价值的康复程度出现的可能性都极小。"

第二大类杀虫剂——烷基和有机磷酸酯，同样跻身全世界毒性最强的化学品之列。其主要且极其明显的危害为急性中毒，症状常常在使用后随之即来。中毒者不仅仅限于喷药者，也包括那些意外接触到空气中飘浮的药雾、喷过药的蔬菜或者被丢弃的盛药容器的人。在佛罗里达州，两名儿童找到一个空袋子，用它修好了秋千；不久，两人双双丧命，另外三名玩伴也生了病。那只袋子曾装过一种名为对硫磷的杀虫剂，属于有机磷酸酯。尸检结果证实，死亡原因正是对硫磷中毒。另外一个案例中，威斯康星州的两个小男孩在同一天夜里相继死亡。两人是表兄弟，其中一人是在院子里玩耍时，药雾从旁边一块马铃薯田里飘过来，当时孩子父亲正在那里喷洒对硫磷；另一人则是因为顽皮，跟着他父亲闯入谷仓，并用手摸过喷雾设备的喷嘴。

这类杀虫剂的由来有一定讽刺意义。尽管其中某些化学物质本身——磷酸的有机酯类——已为人所知多年，可是它们的杀虫特性却直到20世纪30年代末才被一位德国化学家格哈德·施拉德所发现。当时的德国政府便立刻意识到这类化学药物在人类发动的战争中成为一种全新毁灭性武器的价值，于是该类药物的研制工作被宣布为机密，某些药物就成了后来致命的神经毒气，而其他一些分子结构密切相关的药物则成了杀虫剂。

有机磷类杀虫剂以一种独特的方式作用于生物。它们能够破坏在体内负责执行必要功能的酶的结构或活性。它们的攻击目标是神经系统，根本不在乎受害者是一只昆虫还是一个温血动物。正常情况下，神经脉冲从一个神经元传至另一个神经元需要借助于一种“化学传导物”，名曰乙酰胆碱，该物质执行完一项基本功能后便随即消失。事实上，它的存在可谓转瞬即逝，若无特殊处理程序，就算医学研究人员也不可能在人体将它毁掉之前对它进行取样实验。对于人体功能的正常运转而言，这种化学传导物的瞬时性恰恰是必需的。如果一次神经脉冲过后，乙酰胆碱却没有被立刻毁掉，脉冲便会沿着一条条神经继续传导下去，而与此同时，该物质便会以不断强化的方式更卖力地发挥其作用。于是，整个身体的运动就会变得不协调，出现诸如震颤、肌肉痉挛、抽搐惊厥等症状，死亡也便接踵而至。

这种意外发生的可能性已经被身体规避掉了，一种名为胆碱酯酶的保护酶随时待命，负责摧毁这种不再为身体所需的化学传导物。因此，身体始终处于一种精准的平衡状态，永远不会让乙酰胆碱累积到危险的数量。但是，一旦与有机磷类杀虫剂接触，这种保护酶便立即遭受破坏。而随着酶的含量减少，上述化学传导物的总量便不断累积。就这一作用而言，有机磷类化合物很像那种生物碱毒药——毒蝇碱，该毒药取自一种名为毒蝇伞的毒蘑菇体内。

频繁接触此类农药可能会降低人体内胆碱酯酶的水平，使其濒临急性中毒的边缘，到达这一边缘后，再通过一次接触便足以跌入中毒的“深渊”。鉴于此，对于喷药操作人员及其他经常接触者而言，定期验血被认为是十分重要的。

对硫磷是使用最为广泛的有机磷酸酯之一，也是其中药效最强、最危险的农药之一。一经接触，蜜蜂就会变得“极度焦虑、好战”，疯狂地做出揩挠的动作，不到半小时便濒临死亡了。有一位化学家想通过尽可能直接的方式了解足以给人类造成急性中毒的剂量，于是吞服了相当于 0.00424 盎司的微量药物，结果随即出现全身麻痹，就连事先备好放在手边的解药都没来得及够着，便去世了。据说，对硫磷如今已成为芬兰人最心仪的自杀工具。近年来，加利福尼亚州平均每年都有超过两百个对硫磷意外中毒的病例报道。在世界许多地区，对硫磷的致死率可谓触目惊心。仅 1958 年，印度便有 100 个致命病例，叙利亚有 67 个，而在日本，平均每年有 336 个死亡病例。

然而，大约七百万磅的对硫磷现已被施用于美国的农田和果园——有的用手持喷雾器，有的用电动鼓风机、撒粉机，也有的用飞机播撒。根据一位医学权威的说法，仅加州农场的施用药量，就足以致全球五到十倍的人死亡。

我们之所以还没有被此类药物灭绝，其中为数不多的缘由之一在于这样一个事实：对硫磷及其他同类农药分解还算迅速，故与氯化烃相比，它们在农作物上的残留时间相对较短。不过话虽如此，它们也足以造成危害，产生的后果十分严重，甚至致命。在加州的里弗赛德市，采摘柑橘的三十人中有十一人患上重病，除一人外，其余都不得不入院治疗。他们的症状便是典型的对硫磷中毒，当时那片果园是在大约两周半前喷洒过对硫磷。这表明迫使他们陷入干呕、半盲、半昏迷的痛苦状态的农药残毒已经存留了十六到十九天。而这还绝对不是最长存留纪录，类似的灾祸也曾在一个月前喷过药的果园发生，此外，以标准剂量施药六个月后，橘皮上仍旧发现了此药的残留。

所有在农田、果园及葡萄园里施用有机磷类杀虫剂的工人所面对的危险如此之高，以至于某些使用此类农药的州已经建立专门实验室，以方便医生在诊断及治疗中获得援助。就连医生本身也存在一定风险，除非他们在处置中毒受害者时戴上橡胶手套。洗衣店女工清洗此类患者的衣物时同样存在风险，因为衣物上可能已经吸附足以危及她的对硫磷。

另外一种有机磷酸酯——马拉硫磷，跟 DDT 一样为公众所熟知，且应用广泛，不仅园艺工在用，还被用于家用杀虫、喷射蚊蝇，甚至用于全面清剿昆虫，比如为剿灭地中海果蝇，曾喷洒了近百万英亩的佛罗里达州社区。它被认为是此类农药中毒性最低的，于是许多人想当然地认为他们可以随意使用而无须担心受伤害。商业广告也在鼓吹这种令人宽慰的态度。

马拉硫磷所谓的"安全性"其实要靠一种相当靠不住的前提，尽管这一点是在该农药已经使用数年后才得以发现（这种事常有）。马拉硫磷之所以"安全"，只是因为哺乳类动物的肝脏——一个拥有超强保护能力的器官——使它相对无害罢了。这一解毒作用由肝脏内的一种酶来完成，然而，如果这种酶被破坏，或是其解毒作用受到干扰，那么，马拉硫磷的接触者就该尝到这一毒药的全部威力了。

不幸的是，对我们所有人而言，这种事情发生的概率其实很大。几年前，美国食药监局的科学家们发现，当马拉硫磷同其他一些有机磷酸酯同时施用时，即会发生严重中毒——其严重程度可不是将两种农药的毒性简单相加的毒效，而是高达这一毒效的五十倍；换言之，当两种农药混合使用时，各取两种毒药致死剂量的1%，便足以致命了。

这一发现促使人们对其他药物组合进行了测试研究。现在我们已经知道，许多有机磷酸酯类杀虫剂混合使用均属高危组合，其毒效可能被加速或被加强。这种增效作用之所以发生，似乎是因为其中一种化合物摧毁了负责为另外那种化合物解毒的肝脏酶。两种药物无须同时施用，哪怕本周喷洒了一种杀虫剂而下周才喷洒另外一种也是一样，而且危险不仅仅限于施药者，对施过药的农产品的消费者而言，危险依旧在——家常沙拉这道菜里就很容易出现两种有机磷酸酯类杀虫剂的组合，就是说，每种蔬菜的药物残留均在法律许可的范围内，可是它们却可能发生交互作用。

这种药物交互作用的危险性仍鲜为人知，不过，令人不安的新发现总是不断地从科学实验室涌现。其中一个发现是有机磷酸酯的毒性会被第二种药剂增强，而这种药剂不一定是杀虫剂。比如，有一种塑化剂可能产生更强烈的作用，使得马拉硫磷更加危险。同样，这也是由于它抑制了肝脏酶的功能，而肝脏酶通常可以拔掉杀虫剂的“毒牙”。

那么，在正常的人类环境下，其他化学品，尤其是药品又会怎么样呢？在此课题上，一切研究都还仅仅是个开始，不过已知的事实是某些有机磷酸酯（对硫磷和马拉硫磷）会使一些用作肌肉松弛剂的药物的毒性更强，另外，还有几种有机磷酸酯（还是包括马拉硫磷）会显著增加巴比妥类药物[①]安眠作用的时间。

在希腊神话中，女巫美狄亚被情敌夺走了丈夫伊阿宋对她的爱情，盛怒之下，她送给情敌新娘一件施过魔法的袍子，情敌新娘穿上袍子后即刻暴死。这种“间接致死物”如今算是有了“现实版”——一种被称为“内吸杀虫剂”的药物。这种化学药物有着特殊的性质，可以用来将植物或动物变成有毒之物，从而就成了一种美狄亚袍子式的东西。这么做的目的是杀死可能与它们接触的昆虫，尤其是吮吸植物汁液或动物血液之类的昆虫。

内吸杀虫剂的世界是一个怪异的世界，绝对超越格林兄弟的想象力——或许说近乎查尔斯·亚当斯[②]的漫画世界最为贴切。在这个世

---

① 巴比妥类药物：通常用作中枢神经系统的抑制或安眠作用的药物。

② 查尔斯·亚当斯（Charles Addams，1912—1988）：美国著名漫画家，曾创作漫画作品《亚当斯一家》（The Addams Family）。他从小迷恋棺材、骨骼和墓碑之类的东西，特别喜欢阴森恐怖的环境，后来以黑色幽默漫画著称于世。

界里，童话中的魔法森林变成了现实版的毒森林，昆虫若是嚼了一片叶子或是吸了一口植物的汁液，它便在劫难逃。在这个世界里，跳蚤若是叮咬了狗一口便必死无疑，因为狗的血已经染毒；在这里，昆虫也可能死于植物散发的水蒸气，就算它从未直接接触；蜜蜂可能会采到有毒的花蜜带回蜂巢，从而酿出毒蜂蜜。

昆虫学家关于"内吸杀虫剂"的梦想之所以诞生，得益于实用昆虫学领域的工作者们从大自然获取的灵感：他们发现，生长于富含硒酸钠的土壤里的小麦对蚜虫类及红蜘蛛具有天然免疫力，于是，硒——一种在世界许多地区的岩石及土壤里均有少量发现的自然元素——便成了史上第一剂内吸杀虫剂。

一种杀虫剂是否可以成为"内吸杀虫剂"，取决于它是否具有渗透到一株植物或一只动物的各组织内部并使其毒化的能力。此属性除了为某些天然物质所拥有外，某些人工合成的氯化烃及有机磷类杀虫剂同样具有。不过在实践中，多数的内吸杀虫剂均取自有机磷类，因为其药物残留问题相对不太严重。

内吸杀虫剂有时还能剑走偏锋。比如，若将植物的种子浸泡在药物中，或将药物与碳混合后涂在种子表面，则种子会将药力传递到下一代植物体内，并长出对蚜虫类及其他吸食类昆虫有毒的幼苗来。类似豌豆、黄豆、甜菜之类的蔬菜有时就是这样得以保护的。外面覆有内吸杀虫剂的棉花种子在加州使用已有一段时间了，而在 1959 年，圣华金河谷曾有 25 名种植棉花的工人突发急病，病因就是搬运过装有施药种子的口袋。

在英格兰，有人曾好奇，蜜蜂若是采来了经内吸杀虫剂处理过的植物的花蜜将会怎样。于是在施用过一种名为八甲磷的农药的地区开展了调查。尽管农药是在那些植物开花前喷洒的，但是后来采到的花蜜还是具有毒性。结果不难预测：蜜蜂酿出的蜂蜜同样被八甲磷所污染。

内吸毒剂在动物身上的应用主要用于防治牲畜体内的一种破坏性

寄生虫——牛蛆。此项工作必须极为谨慎，才能在宿主的血液及组织内产生杀虫功效，却又不至于造成致命性的中毒。这一平衡很微妙，因为政府的兽医发现，若重复给药，即使剂量很小，也会逐渐耗尽动物体内的保护酶——胆碱酯酶。这就意味着，在毫无征兆的情况下，多加极其微量的药剂就有可能导致中毒。

强有力的证据表明，跟我们的日常生活更为密切的新天地正在敞开。如今，你可以给你的狗吃上一粒据说可以去除跳蚤的药丸，因为该药丸使狗的血液有毒。不过，在为牛畜给药的实践中发现的危险想必也适用于狗。目前看来，似乎还没有人提议在人类身上进行内吸实验，以使我们成为蚊子的致命杀手，不过这也许会是下一步吧。

本章到目前为止一直都在讨论我们在对付昆虫的战争中正在使用的致命化学品，那么在同时发起的针对杂草的战争又如何呢？

快速而又简便地除掉杂草的愿望，催生出大量被称为除莠剂的化学药品，或者不太正式地称为除草剂。这些化学品如何使用以及如何被滥用这个话题，我们将在第六章探讨，而此处我们关注的问题是：这些化学药品究竟是不是毒药，以及它们的广泛应用是否也在加重对环境的毒害。

所谓除草剂只对植物有毒，而不会对动物的生命构成任何威胁之类的传言已被广为传播，可惜这并不属实。这些植物杀手同样含有种类繁多的化学药物，它们既能作用于植物，也能作用于动物的组织。不过，它们对生物的作用差异很大。有些只是一般毒性，有些则是强效的代谢刺激剂，会使体温升高到足以致命，有些还会单独或与其他药物联手诱发恶性肿瘤，还有的会直接攻击某种生物的遗传物质，引发基因突变。既然除草剂跟杀虫剂一样，含有一些非常危险的化学品，那么，因为相信它们“安全”而随意使用，更是会带来灾难性的后果。

尽管出自各大实验室源源不断的新药竞争激烈，但砷化物仍在被大肆使用，无论是作为如前所述的杀虫剂，还是作为除草剂——通常是以亚砷酸钠的化学形式出现。这种砷化物的应用史可不会令人心安，作为路边除草喷雾剂，它们已使许多农民痛失奶牛，也残害了难以计数的野生动物；作为湖泊及水库的水下除草剂，它们已使公共水域不宜饮用，甚至不宜游泳；作为消灭马铃薯地藤蔓的喷雾剂，它们已让多少人类以及非人类付出了生命的代价。

最后这种用途大约是在 1951 年在英格兰被开发，当时是由于硫酸短缺而造成的，而此前一直使用硫酸将马铃薯的藤蔓烧掉。农业部认为有必要发出警告，提醒人们进入喷过含砷制剂的田地有危险，可是牛群并没有看懂这一警告（而且我们必须推测，野兽和鸟类也看不懂），于是，关于牛畜被含砷喷剂毒死的报道不绝于耳。直到又有一位农妇因饮用了被砷污染的水而惨死后，英国一家主要的药品生产企业终于在 1959 年停止了含砷喷雾剂的生产，并对已经在经销商手中流通的药品实施了召回。之后不久，农业部宣布，由于对人类及牲畜具有高危毒效，亚砷酸盐的使用将被严格限制。1961 年，澳大利亚政府颁布了类似禁令。然而，美国却没有任何此类限制来阻止这些毒药的使用。

某些“地乐酚”（二硝基）化合物也被用作除草剂，它们被列为美国在售的同类产品中最危险的药物之一。二硝基酚是一种超强的代谢刺激剂，正是由于此等原因，它还曾一度被用作减肥魔药，不过其瘦身剂量与中毒甚至致命所需剂量差别极小，以至于在发生了数例患者死亡、更多患者遭受永久性损伤的病例后，该瘦身药物的使用才被叫停。

另外一种相关药品——五氯苯酚，有时简称为五氯酚，同样是既被用作杀虫剂，也被用作除草剂，通常喷洒于铁路沿线及废弃地区。五氯酚的剧毒能作用于各种生物，小到细菌、大到人类。同二硝基一样，它会干扰机体对能量的获取，而且这种干扰常常是致命性的，以至于受毒生物简直就是在真真切切地烧毁自己。从最近由加州卫生署报告的一起意外致死事件中可见其恐怖的毒效：一名油罐车司机欲将柴油跟五氯苯酚混合起来，以配制一种棉花脱叶剂。当他正在从一只大圆桶里将这一浓缩药物抽出时，桶内接头突然意外回缩，于是他便赤手入桶，将接头重新拉回来。虽然他立刻洗了手，但还是突发急病，并于次日死亡。

诸如亚砷酸盐或苯酚类的除草剂毒效立竿见影，而其他一些除草剂的毒性却潜藏较深。比如目前鼎鼎大名的蔓越莓除草剂氨基噻唑——俗称“杀草强”，被列为毒性相对较轻的药物。可是它的长期应用会导致甲状腺恶性肿瘤的趋势，对野生动物和人类而言，这都是值得深思的。

除草剂中还有一些可以归类为“诱变剂”，可以改变基因，即遗传物质。我们对辐射造成的基因影响可谓“谈辐色变”，这种忧虑没有错。可是，对于我们在生存环境中大肆散播的化学药物可能产生的相同效果，我们怎么能如此满不在乎呢？

第四章　地表水和地下水

在所有的自然资源中，水已经成为最为珍贵的资源。地球表面被浩瀚海洋所覆盖的面积远比陆地大得多，然而，我们居然缺水。这个奇怪的悖论其实不足为奇，地球表面丰富的水资源绝大部分都因为含有大量海盐而无法供农业、工业以及人类日常所需。因此，全球大部分人口要么正在经受，要么即将面临严重的淡水资源短缺。在当今这个时代，人类已经忘记了自己的起源，甚至无视自己生存的最基本需求，水以及其他资源自然也就成了人类不管不顾的牺牲品。

水源受到杀虫剂污染的问题不能割裂来看，因为它只是整个问题——即人类整体环境的污染——当中的一环而已。水源的污染来源众多：包括反应堆、实验室以及医院的放射性废弃物，核爆后的放射性尘埃，城市和乡镇排出的生活垃圾，工厂排出的化学废弃物，等等。而今，在所有这些污染源之外，又增加了一种新的沉降物——施用于农田、果园、森林以及田野的化学喷剂。许多化学药剂的危害甚至超过了辐射，而在各类化学品之间，还存在着更加凶险且鲜为人知的内部相互作用以及毒效的转换和叠加效应。

自从化学家们开始大肆制造自然界从未出现的物质以来，水源的净化问题就变得复杂起来，生物面临的危险也在不断增加。如我们所见，这些合成化学品的大肆生产始于20世纪40年代，而如今，其增产比例已经如此之大，以至于每天都有骇人听闻的化学污染涌进国内的各条河流中。当它们势必与排入同一水域的生活垃圾及其他废弃物充分融合后，这些化学品有时已经不可能通过净水厂常用的方法检测出来了，其融合物大多也已经十分稳定，以至于通过普通的水处理流程已经不可能将其分解，甚至常常已经不可能被验明成分了。河水中，多到不可思议的各类污染物相互融合而成的沉积物令环境卫生工程师们备感绝望，只能称其为“黏性物”。麻省理工学院的罗尔夫·伊莱亚森教授曾在国会的一个委员会面前声明，目前不可能预知这些化学品的组合效应，或者验明由此类混合物所产生的有机物质。伊莱亚森教授说：“我们尚不清楚那是什么。对人类有何影响？我们也不知道。”

用于控制昆虫、啮齿类动物或杂草的各类化学品造成的有机污染物正在日益增加。有些是有意地施放于各大水体中用以消灭植物、昆虫的幼虫或者多余的鱼类；有些则来自大面积的森林给药——有时仅在一个州，仅为对付一种害虫，就有可能向两三百万英亩的土地铺天盖地地喷洒药物——这些喷剂或直接落入溪流之中，或从茂密的树冠滴落到森林地表，又从那里加入地表渗流水的缓慢运动，开始了流入大海的漫长旅程。或许还有一大部分的此类污染物是因为人们为了控制昆虫及啮齿类动物，向农田喷洒的数百万磅农药而形成的水溶性残留物，它们借助雨水离开地表，随着江河湖水最终流向大海。

我们的河流甚至公共饮水源中存在这些化学药物的显著证据比比皆是。比如，对鱼所做的一项实验表明，取自宾夕法尼亚州一片果园区的饮用水样本中含有的杀虫剂仅用四个小时便杀死了全部实验用鱼；流经一片喷洒过农药的棉花田的溪水，即便是已经过净水厂的净化，还是对鱼类有致死的杀伤力；亚拉巴马州田纳西河的十五条支流里生存的全部鱼类，均死于流经施用过毒杀酚（一种氯化烃类农药）

的农田的田间径流[①]，其中有两条支流还是城市供水的水源；而且事实证明，杀虫剂施用一周后，河水依然有毒，因为放置于河流下游的笼子里的金鱼每天都有死亡。

此类污染多半都是看不见的，只有当鱼类数以百计、千计地死亡时，它们的存在才会为人所知，不过更多的情况下，它们永远不会被发现。负责监测水质纯度的化学家对此类有机污染物没有通行的常规检测法，更没有办法清除它们。可是，无论能否被检测出来，杀虫剂确实无所不在。况且，同其他大规模施于地表的物质一样，杀虫剂恐怕也早已不出所料地进入了全国大多数，甚至也许是全部的主要水系。

如果有人对我们的水域已被杀虫剂普遍污染的论断有所质疑的话，他应该去研读一下由美国鱼类及野生生物管理局于 1960 年发布的一篇报道。该局此前一直在进行相关研究，以查明鱼类是否会和恒温动物一样，在其身体组织内贮存杀虫剂。第一批样本取自西部的林区，那里为了控制云杉蚜虫曾大面积喷洒 DDT。果不出所料，所有的鱼类样本均含 DDT。不过真正意义上的重大发现还在后面：调查人员为了进行对比，找到了距离最近的蚜虫防治喷雾区尚有三十英里远的一条偏远地区的小溪。这条小溪位于上批取样区的上游水域，并由一道高高的瀑布与之完全隔开，且该地区已知没有喷洒过任何药物。然而，这些鱼类样本仍然含有 DDT。那么，此药物究竟是经由地下隐藏的暗流传入这条偏远小溪的呢，还是经由空气传播，作为空气中的沉降物飘落到溪水表面的？还有一次对比研究中，取自一片孵卵池的鱼体组织内仍然测出了 DDT，而该孵卵池的水源来自一口深井，同样，当地没有任何喷药经历，唯一可能的污染途径似乎就是地下水。

在整个水污染的问题中，大概没有比地下水被大面积污染的威胁更加令人不安的了。在任何一片水域添加杀虫剂而又不危及他处的水

① 田间径流：降雨、冰雪融水或者灌溉用水在重力作用下沿地表或地下流动的水流。

质，这根本不可能做到。自然界几乎从来不在封闭且独立的时空内起作用，在地球的水源分配上，她更是从来没有这样做过。降到地面的雨水会经土壤的孔隙和岩石的裂缝慢慢向地下渗透，越渗越深，直到形成岩石的所有孔隙中都已充满了水的一个地带。那里是一座黑暗的地下海洋，起至山脚，直达深谷。这片地下水始终都在运动着，有时速度极慢，慢到一年移动不到五十英尺（1 英尺＝0.3048 米）；有时又很快——当然是相对而言——快到每天移动将近十分之一英里。它沿着看不见的水道流动，在流经某处时，时不时露出地表，形成了泉水，或者也可能被引到一口井里；不过多数情况下，它还是纳入了溪水、河流。除了直接以雨水或者地表径流的形式进入水流的情况外，地球表面所有流动的水都曾是地下水。因此，地下水的污染就是全部水体皆受污染，这确实令人恐惧，但它真实存在。

肯定就是通过这样一座黑暗的地下海洋，才使当年科罗拉多州一家制造厂的有毒化学品流向了数英里外的一块农田区，污染了井水，使人和牲畜患病，并毁掉了庄稼。这一离奇事件很有可能就是诸多同类事件中的第一幕。简言之，其经过是这样的：1943 年，位于丹佛附近的陆军生化军团落基山军工厂开始生产军需物资。八年以后，该军工厂的设备被租借给一家私人石油公司生产杀虫剂。然而，还在业务转型之前，不可思议的报告便开始传来。距离工厂数英里外的农民开始发现牲畜身上发生不明原因的疾病，并抱怨庄稼大面积被毁。树叶变黄，植物不再生长，许多农作物彻底死掉，还有关于人类患病的报告，有人认为也有关联。

这些农田的灌溉用水取自浅井。对井水进行的化验（1959 年由几个州及联邦政府机构参与的一项研究）表明，水中含有各种各样的化学品。早在落基山军工厂运营期间，就已有氯化物、氯酸盐、磷酸盐、氟化物以及砷被排放到废料池中。显然，军工厂和农田之间的地下水已被污染，废料在地表下花了七八年的时间一路流转，走遍了从废料池到农田大约三英里的路程。这一渗流的进程还在不断蔓延，进而污染范围不明的更大区域；调查人员没有办法控制住污染物，或者阻止它的前进。

到目前为止，一切已经够糟糕了，可是，整个事件中最离奇、意义最重大之处在于，在军工厂的废料池以及某些浅井中，居然发现了杂草杀手 2，4–D[①]。显然，它的存在已足够解释为什么灌溉用水会给农田造成破坏了；可是，另外一个事实却无法解释，军工厂在其运营的任何阶段都未生产过 2，4–D。

经过漫长而细致的研究，化学家们终于得出结论，2，4–D 是在开放的废料池塘中自发形成的，由军工厂排放的其他物质合成。没有人类化学家的介入，仅在空气、水和阳光的共同作用下，废料池变成了化学实验室，并生产了一种全新药物——一种令大部分植物触之即亡的农药。

可见，科罗拉多农场及其被毁农作物的故事具有普遍的重要意义，早已超越了地域的界限。不只是科罗拉多，其他任何一个可能被化学污染入侵的公共水域是否也出现过类似情况？在世界各地的湖泊和溪流中，在空气和阳光的催化作用下，还会有什么危险的物质可能由标记为“无害”的化学品制造出来？

事实上，水源的化学污染问题最令人惊恐的一面在于，在河流、湖泊以及水库中，甚至在我们餐桌上的那杯饮用水中，到处都有这种混合而成的化合物，这些化合物是任何稍有责任感的化学家都不会想到要在自己的实验室里合成的。这些自由混合的化学品之间可能存在的化学反应令美国公共卫生署的官员深感不安，他们担心，由相对无毒的化学品转而形成有害物质的进程可能正在大范围地发生。此类化学反应可能发生于两种或两种以上的化学品之间，也可能发生在化学品与正在被排放进河流的、日益增加的放射性废料之间。在电离辐射的冲击下，原子结构极易重新排列，从而彻底改变这些化学品的基本

① 2，4–D：又称 2，4– 二氯苯氧乙酸，是一种除草剂。

属性，最终后果如何不仅不可知，而且不可控。

当然，正在被污染的水源不只是地下水，还有地表流动的水——溪水、河流和灌溉用水。关于灌溉用水的污染，这里有一个令人不安的实例，它似乎正在日益困扰位于加州的图莱湖和南克拉玛斯湖的国家野生生物保护区，它们与位于俄勒冈州州界的北克拉玛斯湖野生生物保护区一起，共同构成了一个系列保护区。或许是冥冥之中的天数吧，所有这些保护区都因共享一处水源而彼此相连，同时又因为各自都如一座座孤岛、被周围同一片浩瀚如海的农田所包围这样一个事实而受到了牵连。这片农田从前本是被水鸟当成天堂乐园的沼泽地和开阔水域，后经排水及河道引流才被开垦改造出来。

围绕着这些保护区的农田现在由北克拉玛斯湖的水进行灌溉。灌溉农田之后的水又重新汇集，流入图莱湖，继而又流入南克拉玛斯湖。因此，依托这两大水域而建立的野生生物保护区内的全部用水，均为农业土地排出的水。了解这一点很重要，因为它跟近期发生的系列事件直接相关。

1960 年夏天，保护区工作人员在图莱湖及南克拉玛斯湖都捡到成百只已死或垂死的鸟，其中大多数是以鱼类为食的种类，包括苍鹭、鹈鹕、海鸥等。经分析发现，它们体内均含有被鉴定为毒杀芬、DDD 以及 DDE 的杀虫剂残毒。湖中的鱼类体内也被检测出杀虫剂成分，浮游生物也不例外。保护区管理人认定，杀虫剂残留问题在这些保护区的水域内正在不断加剧，究其源头，就是经过大肆喷药的农田回收的灌溉用水。

恰恰是为保护之目的而设立的水域竟遭到如此毒化，此等苦果必将为每一位西部猎鸭人所品尝，每一位希望自己还能看到和听到成群结队的水鸟如飘浮的丝带一般飞过夜空那珍贵一幕的人，也将共尝此苦果。在保护西部水鸟方面，这些特殊保护区所处的地理位置是至关重要的：它们的位置恰恰相当于一个漏斗的窄颈处，著名的“太平洋候鸟路径”中的所有候鸟迁徙路径均在此处汇集。每到秋季迁徙期，这些保护区都要接纳数百万只野鸭和野鹅，它们来自从白令海海岸向东直到哈德逊湾这一广阔区域的所有鸟类栖息地——其中足足四分之三的水鸟要在秋季南飞到太平洋沿岸各州。夏季，这些保护区又为水鸟提供栖息地，尤其是两类濒危物种——美洲潜鸭和红鸭。如果这些保护区的湖泊和池塘受到严重污染，整个远西地区[①]的水鸟种群所受的伤害必将无可挽回。

关于水的思考，必须同时考虑到由水支撑起的整个生命链——从小到如尘埃一般的绿色浮游生物的细胞，到微不足道的水蚤，再到全靠水中的浮游生物为食、反过来又被其他鱼类或水鸟、水貂、浣熊吃掉的素食鱼——这是一个从一种生命到另一种生命的、无穷无尽的物质循环转换的进程。我们都知道，水中生命的必需矿物质就是这样从食物链的一环传到下一环的，那么，我们能够假设我们引入水中的毒素却不会加入这样的自然循环中吗？

答案可以在加州清水湖的惊人历史中找到。清水湖位于旧金山北部相距约九十英里的一片山区，向来备受垂钓者青睐。“清水湖”这个名字其实名不副实，因为实际上它的湖水相当浑浊，其整个浅底被黑色的软泥所覆盖。令渔人及湖畔居民感到遗憾的是，这里的湖水为一种很小的幽蚊属蚋虫提供了理想栖息地。虽然与蚊子同属，但这种蚋虫其实不吸血，甚至其成虫可能根本不吃东西。然而，仅仅因为其数量巨大，与之共享此地的人类还是觉得它们很讨厌。人们为此做过多种尝试，不过均告失败；直到 20 世纪 40 年代后期，氯化烃杀虫剂的诞生提供了全新武器。当时被选中来发动新一轮进攻的药物是 DDD，它跟 DDT 是“近亲”，不过似乎对鱼类生命的威胁相对较轻。

于 1949 年开始着手的新的控制措施事先经过了细致规划，因此很少有人想到此举会造成什么恶果。先是对该湖进行了测量，其容积已被测定，最后施入湖水的杀虫剂是按七千万分之一的比例高度稀释

---

① 远西地区：美国境内从落基山脉向西直到太平洋沿岸的大片区域。

的。起初，该蚋虫的防控效果不错，可是到了1954年，又不得不再次施药，这一次的稀释比例达到五千万分之一。至此，消灭蚋虫的工作被认为基本完结了。

随后的冬季月份里，其他生命已受影响的第一个信号出现了：湖上的北美䴙䴘[①]开始死亡，而且死亡报告很快超过了百例。北美䴙䴘是一种在清水湖区繁殖的候鸟，冬季也常来这里做客，因为湖中鱼类众多。这种鸟外观仪表堂堂，生性又惹人着迷，习惯在美国及加拿大西部地区的浅水湖中构筑其水上浮巢。它的别名"天鹅䴙䴘"可不是乱叫的，那是因为它在湖面滑行时几乎不会荡起一丝的涟漪，其身体低浮于水面，白色的脖颈和黑亮的头部高高昂起。新孵的幼鸟全身附有灰色的软毛，只需几个小时即可下水游动，或乘在爸爸妈妈的背上，或依偎在它们的羽翼保护之下。

1957年，蚋虫数量再次回弹，于是又对其发起了第三次袭击，随后，更多的䴙䴘死亡。对死鸟所做的尸检表明，情况跟1954年一样，没有发现任何传染病的证据。后来有人想到去分析一下䴙䴘的脂肪组织，结果发现里面的DDD浓度竟然达到惊人的百万分之一千六百。

施于水体的药物最高浓度仅为百万分之零点零二[②]，何以在䴙䴘体内骤升至如此高的含量？毫无疑问，这种鸟以鱼为食，于是又对清水湖的鱼类进行了分析，此时，整幅画面总算清晰了：毒素被最小的有机体吸收后得到浓缩，然后传递给了大一些的捕食者。浮游生物的组织内测到的杀虫剂含量约为百万分之五——相当于投入水体本身的最高药物浓度的二十五倍左右；以水生植物为食的鱼类体内的杀虫剂含量累积到了百万分之四十至三百；肉食鱼类的毒素贮存量是最高的，其中有一种褐色大头鲶，体内的浓度居然达到了令人瞠目结舌的百万

---

① 北美䴙䴘（pì tī）：又称西部䴙䴘，英文名为Western Grebe。其颈部细长，头冠与颈背部黑色，背部褐灰色，其余部位均为白色，体长约55—73厘米，是䴙䴘中最长的一种。

② 即前文提到的五千万分之一。

分之两千五百！这就是一个类似“杰克小屋[①]”一样的序列——强大的肉食动物吃掉了弱小的肉食动物，弱小的肉食动物吃掉了食草动物，食草动物吃掉了浮游植物，而浮游植物吸收了水里的毒素。

更加离奇的发现还在后面：在最后一次施放药物之后不久，水中就已经测不到任何 DDD 的痕迹了；可是，毒素并没有真的离开湖泊，而是进入了湖中生物的组织里。停止给药二十三个月后，浮游植物体内仍含有百万分之五点三的 DDD 残留。在接下来的将近两年的时间内，浮游植物不断地开花、凋谢，水中早已没有了毒素，可是不知什么缘故，毒素却在浮游植物中代代相传；而在湖中的动物体内，它同样存留了下来——停止施药一年后，所有受检鱼类、鸟类及蛙类仍然全部含有 DDD，而且在它们体内测出的药量远远超出水中的原始给药浓度许多倍。在这些活体携毒者中，有在上一次施用 DDD 九个月后才被孵化出来的鱼，也有体内浓度累积到高达百万分之两千的鸊鷉和加州鸥。与此同时，在此构筑爱巢的鸊鷉数量锐减——从首次施用杀虫剂前的 1000 多对减少到 1960 年的约三十对；而就这三十对鸊鷉筑巢似乎也是白费力气，因为自从最后一次施用 DDD 之后，就再也没人在湖面上看到过鸊鷉的幼鸟。

由此可见，整个中毒链似乎就是以那些微小的浮游植物为基础的，想必它们就是毒素浓缩的起点。可是，食物链的另一端——人类——又将如何呢？对这一连串的事件始末全然不知的人们可能已经备好渔具，从清水湖的湖水里钓到了一串鱼，带回家煎炒烹炸成就了他们的美味晚餐。那么，如此大的 DDD 剂量，或许还是重复给药后的剂量，可能对人体有何影响呢？

尽管加州公共卫生署声称没有危险，可它还是在 1959 年下令停止在湖中施用 DDD。鉴于此药物已经有科学证实的巨大生物毒效，

---

① 杰克小屋：出自英语民谣，原文为：This is the cat that killed the rat that ate the malt that lay in the house that Jack built.（这就是那只猫，猫吃了老鼠，老鼠吃了麦芽，麦芽堆在房子里，房子是杰克盖的。）

此举似乎只能算是最低限度的安全措施。DDD 的生理效应在所有杀虫剂中大概是最独特的，因为它会破坏肾上腺腺体的一部分——即被称为肾上腺皮质的那部分表层细胞，而正是这些细胞分泌出肾上腺皮质激素。这一破坏性的作用早在 1948 年便已为人所知，不过当时人们相信，该作用仅限于对犬类而言，因为在诸如猴子、老鼠以及兔子等实验动物身上并未出现类似作用。然而，DDD 在犬类身上产生的症状跟人类身患爱迪生氏病[①]时的发病症状极其相似，这一事实在当时似乎颇具暗示性。而最近的医学研究已经揭示，DDD 确实会强烈抑制人体肾上腺皮质的功能。而它对细胞的这种破坏能力如今已经被临床应用于治疗人体肾上腺腺体中发育的一种罕见癌症。

清水湖的情况引出了一个公众必须正视的问题：使用如此强效的作用于生理过程的杀虫剂来控制昆虫，尤其是控制措施的执行意味着必须将杀虫剂直接引入水体时，那么这样做真的明智和可取吗？至于杀虫剂施用浓度极低这一事实并无任何意义，因为它会通过湖区自然食物链而实现爆炸式增长，本例已经足以证实。然而，类似清水湖这样的典型事例很多，且越来越多——解决了一个明显但常常是无关紧要的小问题，结果却制造了另一个严重得多只是不那么容易明显感知的问题。在本例中，问题的解决偏向了那些备受蚋虫困扰的人，而代价却是，所有从湖中获取食物和水源者都冒着难以阐明的、甚至或许难以明确理解的风险。

蓄意将毒药投入水库正在成为一种相当普遍的做法，这真是一个离奇的事实。这么做的意图通常是为提升其娱乐功能，尽管这样一来，就必须对水体花费重金加以处理，以使其适合原本用作饮用水之目的。比如，某一地区的户外运动爱好者想要“改善”一座水库的垂钓功能，于是他们游说政府当局，将一定量的毒物投入其中以除掉那些不受欢迎的鱼类，然后再替换以更适合垂钓者口味的人工孵化的鱼

① 爱迪生氏病：慢性肾上腺功能不足。

苗。此等做法具有一种怪异的、仿佛爱丽丝入仙境般荒诞的性质。水库之创建原本就是作为公共水源的，然而，整个社区的人——大概在有关改善垂钓的项目上根本没有被征求意见——如今却要被迫作出一个选择：要么去喝含有毒药残留的水，要么就缴纳税金进行水质处理以清除残毒——而这种水处理绝非易事。

由于地下水和地表水均已被杀虫剂及其他化学品所污染，不仅有毒物质甚至还有致癌物质也正在被引入公共水源。国家癌症研究所的W.C. 惠珀医生曾警告说："在可以预见的未来，因饮用水污染而引发癌症的危险将大幅增长。"而实际上，荷兰早在20世纪50年代初期就已有一项研究证实了受污染的水源可能会引发患癌危险这一观点。从河流中获取饮用水的城市里，癌症致死率明显高于那些水源取自不太易受污染的水井之类的城市。砷，这种已经被明确认定为能使人类致癌的物质，曾两次被卷入因水源污染而导致大面积癌症发生的历史事件中。其中一例中的砷来自采矿作业留下的矿渣堆，另一例则来自一种天然含砷量很高的岩石。而今，由于大量施用含砷杀虫剂，这样的状况可能极易再度发生。这些地区的土壤都已被污染，降雨会将部分的砷带入溪水、河流以及水库，同时也带入那片浩瀚的地下水的海洋。

至此，我们应该再次牢记，自然界中没有什么是孤立存在的。要想更清楚地了解我们的世界正在发生怎样的污染，现在必须来看一看地球上另外一个基本资源——土壤。

第五章　土壤的王国

像补丁一样覆盖于大陆表面的那层薄薄的土壤决定着人类以及其他陆生动物的生存。没有了土壤，所有已知的陆生植物均无法生长，而没有了植物，也就没有动物可以生存。

然而，如果说我们以农业为基础的生活必须依赖土壤的话，那么同样，土壤也要依赖于生物，土壤的本源及其所保持的天然特性都与活着的动植物有着密切关联。因为土壤在一定程度上也是由生命创造出的产物，源于远古时代生命与非生命之间神奇的相互作用。其母质层是这样集聚起来的：随着炽热的熔岩，火山喷发物喷薄而出；陆地上裸露的岩石在流水的冲击下，就算最坚硬的花岗岩也被渐渐消磨；霜冻和冰雪鬼斧神工地劈裂和粉碎了岩石。随后，生命物粉墨登场，开始施展它们创造性的神奇魔法，于是，一点一点地，这些毫无生命力的惰性物质就变成了土壤。地衣类植物——岩石最初的表层覆盖物——以其酸性分泌物加速了岩石的解体进程，为其他生命提供了更多的栖息之所。苔藓类植物也开始顽强地生根于初始土壤之中，这种土壤的形成包括岩石解体后的地衣碎片、卑微的昆虫类生命死后的外壳、生于海洋死于陆地的大量动物的残骸。

生命不仅参与了土壤的形成，而且大量生物也要生存于这片土壤，其数量之丰富、种类之繁多简直不可思议；若非如此，土壤必将贫瘠且毫无生命力。正是由于土壤中无数生命有机体的存在及其活动，土壤才能够给大地披上绿色的外衣。

当然，土壤也处于不断变化的状态之中，参与到不休的循环之中。随着岩石的解体、有机物质的腐烂、氮气及其他气体随着雨水从天而降，新的物质也在不断地投身于土壤之中。与此同时，也有其他一些物质不断地被生物从土壤中带走，或者说是临时借走。微妙却极其重要的化学变化也在一刻不停地进行着，将源自空气和水的各种元素转化成适合植物利用的形式。而在所有这些变化之中，生命有机体始终都是最活跃的因子。

那么，在这个黑暗的土壤王国里面究竟存在着多么丰富而热闹的群落？没有什么研究项目会比此类研究更加令人着迷，同时也更加被人类忽视的了。究竟是什么纽带使土壤里的有机体彼此相系，同时又系于它们生存的地下世界以及地面上那个世界？对此，我们知道的线索实在太少了。

土壤中最小的，或许也是最基本的有机体就是那些看不见也数不清的细菌和线状真菌。要统计它们的数量，瞬间便可达到天文数字：一茶匙的表层土就可能含有数十亿的细菌。尽管其形体微小，但是数量之巨，以至于仅一英亩的沃土表层一英尺厚的土壤中，细菌的总重量可能高达一千磅。体形细长、如丝如线的线状真菌数量上略少于细菌，不过由于它们毕竟体形稍大，因此在一定量的土壤中，其总重量与细菌大概持平。再加上一些被称为藻类的微小绿色细胞体，所有这些便构成了土壤中微生植物的世界。

细菌、真菌和藻类是腐烂作用的主要因子，负责将动植物的残骸还原为当初构成其机体的基本成分和元素。若没有这些微生物，那么像碳、氮这些化学元素便不可能在土壤、空气和生物组织间进行那大型的循环转换运动。比如，若没有固氮细菌的存在，植物就会因缺氮而活活“饿死”，尽管它的周围就是含氮空气的“海洋”。其他有机体会产生二氧化碳，进而以碳酸的形式促进岩石的解体。还有一些土壤微生物则负责执行各种氧化和还原作用，如铁、锰、硫之类的矿物质便是借此得以发生转换，成为可供植物吸收的状态。

另外还以惊人数量存在的生物包括微小的螨类，以及被称为跃尾虫的一种原始无翅昆虫。尽管它们很小，却都在分解植物枯枝败叶、协助将森林地表覆盖物转化成土壤的过程中扮演着重要的角色。这些微不足道的生物执行任务时表现出的那种“专业性”简直不可思议。比如，某些螨类只有在云杉树凋落的针叶中才能开始它们的生命。它们躲在里面，将针叶的内部组织消化掉；等到这些螨虫实现了它们的“自我发展”后，针叶就只剩下一个空壳了。在对付每年一度的落叶季里那些超大量的枯枝败叶的工作中，真正令人瞠目结舌的作业应该说是由土壤和森林地表的某些小昆虫完成的。它们会将落叶浸软进而消化，并促使这些被分解的物质与表层土壤结合。

当然，除了这么一大群虽然微不足道、却在不停劳作的小生命之外，还有许多较大的生物存在着，因为土壤里的生命形式可谓一应俱全——低等如细菌、高端如哺乳动物。有些是黑暗的地下世界的永久居民，有些则只在地下的洞穴中过冬或度过它们生命周期的某个特定阶段，还有的则在它们的地下洞穴和地上世界间来去自如。不过总的说来，土壤中所有这些居民的活动都有一个共同的效果：使土壤疏松透气，改善土壤排水性能，使水分渗透至整个植物生长层。

在土壤的所有大个儿居民中，可能没有比蚯蚓更重要的了。早在75年以前，查尔斯·达尔文便出版了一本名为《沃土如何通过蠕虫的作用而形成暨蠕虫生活习性的观察》的书。在此书中，他首次让世人了解到蚯蚓作为“地质工作者”在运输土壤的工作中起到的基本作用，并为我们展现了这样一幅画面：表层岩石渐渐被蚯蚓从地下翻出的细土所覆盖，若环境有利的话，则其一年内翻出的细土量就高达每亩数吨。与此同时，落叶和草中含有的大量有机物质被拖入洞穴并融入土壤之中——6个月内，每平方米土壤增加的有机质可达20磅。达尔文的结论表明，蚯蚓的辛苦劳作可能会在十年间使土壤层增加 1 到 1.5 英寸的厚度。而这还绝非它们的全部工作成果：它们的洞穴还能疏松土壤，使其保持良好排水性能，并帮助植物更深入地扎根；蚯蚓的存在提高了土壤内细菌的固氮能力，同时降低了土壤的腐败；有机物质在通过蚯蚓消化道时即被分解，土壤借助其排泄物而变得肥沃。

可见，这个土壤综合体是由相互交织的生命组成的一个巨大网络，其中的每一个生命都以某种方式与其他生命相关联——同时，生命又依赖于土壤，而反过来呢，土壤也只有依靠它所包容的这个生命综合体的兴旺繁荣，才能成为地球上至关重要的生存条件之一。

然而，我们关心的问题一直未受关注：土壤中如此数量惊人而又至关重要的栖居者，在有毒化学品被带进它们那个世界后，将会发生何等状况？这些毒物可能是作为各类“杀菌剂”而被直接施入土壤，也可能是由降雨带来——雨水在穿过森林的茂密树冠、果园和农田时受到了致命污染。难道我们能心安理得地假想，我们为了将某种蚕食庄稼的害虫消灭在其穴居幼虫的阶段而施用的一种广谱杀虫剂，却不会同时伤及那些能够分解有机质的“益虫”？或者我们能够使用一种非专杀性的真菌杀灭剂，却不会同时杀掉那些生存于许多树木根部并帮助树木从土壤中汲取营养的菌类？

事实很清楚：一直以来，土壤生态学这一至关重要的课题在很大程度上已被科学家们所忽视，病虫防治人员对此更是几乎完全无视。昆虫的化学防治法似乎就是基于这样一个假定的前提，即土壤能够、也一定会承受住任何毒素的凌辱，而不会发起反击。土壤世界最根本的特性几乎被人类置之不理。

通过仅有的少数研究，杀虫剂对土壤的巨大影响已渐渐露出端倪。此类研究得出的结论不一定总是一致的，这不足为奇，因为土壤的类型千差万别，在此类土壤中造成损害的因素可能在另一类土壤中却是无害的。比如，轻质沙土远比腐殖质的土壤更易受损；药物组合似乎比单一施药危害更大。尽管研究结果各异，却也累积了足够确凿的证据，足以引发科学界的忧惧。

某些情况下，生命世界最核心的化学转化进程也会受到影响。能够将大气中的氮转化为植物可用形态的硝化作用就是例证之一：除草剂 2，4–D 就能导致硝化作用暂时中断。佛罗里达州的最新实验表明，林丹（高丙体六六六）、七氯以及 BHC（六氯联苯）施入土壤仅两周后就使硝化作用减弱；BHC 与 DDT 施用一年后仍对硝化作用具有显著的不良影响。另有实验表明，BHC、艾氏剂、林丹、七氯以及 DDD 全部都能妨碍固氮细菌在豆科植物的根部形成必需的根部结瘤。菌类与高等植物根部之间微妙却有益的关系就这样被严重破坏掉了。

自然界需要依赖生物数量间的巧妙平衡以达成其深远目标，但问题是有时这种微妙的平衡关系会被破坏。当土壤中某些生物的数量因杀虫剂而减少时，另一些生物就出现了爆炸式的增长，从而扰乱了正常的摄食关系。此类变化会轻易改变土壤正常的新陈代谢活动，并影响其生产力；此外，这些变化还可能意味着某些具有“害虫潜质”的生物，本来此前一直受到制约，而今却逃脱了天敌的控制，一跃而升至害虫的地位。

有关施入土壤的杀虫剂，需要牢记的最重要一点是它们的长效性——其毒效不是以月计，而是以年计的。艾氏剂历经四年后仍被测出残留，其中有其自身的微量残留，但更多的部分则被转成了狄氏剂；为杀灭白蚁而施入沙质土壤的毒杀芬十年后仍有大量残留；六六六至少在土壤中存留十一年；七氯及其衍生的另外一种毒性更强的化学物至少存留九年；氯丹在施用后十二年仍被测出残留，且残留量仍然高达原始施药量的 15%。

看似适度的杀虫剂量，若是连续施用多年，则会在土壤中增长至不可思议的程度。由于氯化烃类杀虫剂难以降解且作用持久，每一次施药都只能是在上一次存留的药量上继续累积。如果重复喷洒，那么“一亩地平均一磅 DDT 是无害的”这种说法便毫无意义。马铃薯地的土壤经检测，每英亩含 DDT 高达 15 磅，谷物地的土壤则达到 19 磅，正在研究中的一块蔓越橘沼泽地每亩含 34.5 磅。取自苹果园的土壤似乎达到了污染的巅峰，其 DDT 的累积速度几乎与历年的施药量同步增长；甚至仅一季中，果园就可能喷洒四次或更多，则 DDT 的残留量可能高达每英亩 30—50 磅；连续喷洒多年后，树与树之间的土壤里平均每英亩含 DDT 达 26—60 磅，而树下的土壤里 DDT 竟高达 113 磅。

砷更是提供了一个经典案例，证明土壤确实能持久中毒：尽管从 40 年代中期以来，砷作为烟草种植业的喷剂基本已被有机合成杀虫剂所取代，然而在 1932—1952 年间，由美国种植的烟草制成的香烟里，砷含量的增长超过百分之三百；后来的研究更是揭示其增长高达百分之六百。砷毒理学专家亨利 · S. 萨特利博士说，尽管有机杀虫剂已基本取代了砷，可是烟草作物还是继续吸收砷，这是因为烟草种植园的土壤如今已经被一种量大且相对不易溶解的毒素——砷酸铅的残留物彻底浸透。也就是说，这种砷酸铅会不断释放出可溶性的砷。按照萨特利博士的说法，很大一部分种植烟草的土地已经遭受“叠加的、几乎永久性的中毒”。而地中海东部地区种植的烟草却没有类似这样砷含量剧增的情况发生，那里从不使用含砷杀虫剂。

于是，我们又面临了第二个问题。我们不能只关注我们对土壤做了什么，而是必须进一步探究有多少杀虫剂从污染的土壤中被吸收到植物组织内。这在很大程度上取决于土壤、农作物的类型以及杀虫剂的性质和浓度。比如，富含有机质的土壤会比其他土壤释放的毒量小一些；胡萝卜比研究中的其他任何作物吸收的杀虫剂都要多，而若是施用的药物碰巧是林丹的话，则胡萝卜中累积的药物浓度实际上会比土壤中的浓度还要高。将来在种植某种粮食作物前，或许必须先分析土壤中的杀虫剂，否则的话，即使从未喷洒过药物的作物也可能从土壤中吸收足以使其不宜投放市场的杀虫剂。

正是此类污染，给至少一家主要的婴儿食品生产商制造了无穷无尽的麻烦，因为该生产商一直以来都不愿意购买任何曾经施用过有毒杀虫剂的水果和蔬菜。而最令该企业头疼的化学品是六六六，即BHC，它被植物的根和块茎吸收后，就会带有一种发霉的口味和气味，非常明显。加州种植的红薯就因两年前施用过BHC而含有残留，不得已只好将其拒之门外。有一年，该企业在南卡罗来纳州签订了采购合同，预定了企业生产所需的全部红薯，结果发现那里的大面积土地被污染，迫使该企业不得不在自由市场重新采购红薯，蒙受了相当大的经济损失。多年以来，有多个州种植的多种水果和蔬菜都不得不被丢弃。最令人头疼的问题还是花生：在南方各州，花生通常是跟棉花轮作的，而棉花种植普遍施用BHC；因此后来种植于这块土壤的花生也吸收了相当量的杀虫剂。实际上，只要有一丁点的微量残留，就足以泄露内情，使产品混入发霉的气味和口感。药物会渗透进入花生壳并无法去除，加工处理不仅不能去除霉味，有时反而使其加重。若一个食品生产商下定决心要拒绝接纳BHC残留，那么它唯一的选择就是拒收一切施过农药的或受污染土壤里产出的全部农产品。

有的时候，这一威胁要由农作物本身来承受——只要杀虫剂污染还存在于土壤中，这种威胁就始终存在。有些杀虫剂会影响诸如大豆、小麦、大麦或黑麦这样的敏感植物，妨碍其根部发育或者抑制其幼苗生长。华盛顿州和爱达荷州的啤酒花种植者的经历就是一个例证。1955年春天，许多种植者着手实施了一项大规模的象鼻虫防控计划，因为其幼虫已经在啤酒花的根部泛滥成灾。根据农业专家及杀虫剂厂商的建议，他们选择了七氯作为防控药剂。施用七氯后不到一年，用药园区的花藤便开始枯萎、死亡，而未施药的园区则无此困扰；作物受损的界限就在施药和未施药的园区之间，泾渭分明。最后不得已又斥巨资重新种植，可是一年后发现，新的作物又从根部死亡了。四年后，该地土壤仍然含有七氯，科学家们也无从预测土壤的毒性究竟会持续多久，也无法提供任何改变现状的措施。联邦农业署迟至1959年3月才承认，此前宣布的七氯可以作为啤酒花藤土壤处理药剂的立场是不恰当的，并收回了该类用药的注册许可，可是为时已晚；与此同时，啤酒花藤的种植者们还告上了法庭，不过也只是尽可能寻求一点赔偿或救济而已。

随着杀虫剂的继续使用，几乎无法根除的残留物继续在土壤里不断累积，我们未来必将麻烦连连，这一点几乎是毋庸置疑的了。1960年，一组专家在锡拉丘兹大学讨论土壤生态学时对此达成了一致共识。他们总结了使用农药及放射线之类“如此强力却又为人类知之甚少的工具”可能带来的危险：“人类的某些不当之举很可能造成土壤生产力的彻底破坏，届时，那里完全有可能成为节肢动物的天下。”

第六章　地球的绿色披风

水、土壤以及植物给大地披上的绿色外衣，组成了这个可以供养动物生存的世界。尽管现代人很少记起这一事实，但是，如果没有植物利用太阳能生产出人类赖以生存的基本食物的话，人类便不可能存在了。我们对待植物的态度异常狭隘：只要我们看到一种植物具有某种直接的使用价值，我们就会去栽培它；反过来，一旦我们认定某种植物的存在不受欢迎或者仅仅就是无关紧要，我们就会毫不犹豫地宣判它的死刑。除了对人类和牲畜有毒或者排挤粮食作物的某些植物外，其他许多植物被列为“待摧毁”，仅仅是由于我们狭隘地认为，它们碰巧在错误的时间长在了错误的地方。还有许多植物被摧毁，仅仅是由于它们碰巧与我们要除掉的植物长在了一起。

地球的植被是地球生命之网的一部分，而在这个网中，植物与大地之间、植物与植物之间，以及植物与动物之间都有着密切而重要的关联。有时我们别无选择，只能暂时扰乱这种关系，但是我们这么做时应该三思，并清醒地认识到我们的所作所为还有可能产生远隔时空的后果。然而，今时今日蓬勃发展的除草剂行业可不会在乎这种恭谨的态度，除草剂的生产只会在乎销量之高和用途之广。

我们对自然风景不假思索就横加破坏的事例不胜枚举，其中最为惨痛的一个悲剧发生在西部的一片鼠尾草地，这里正在开展一项巨大工程，要铲除鼠尾草并将之改造成草原牧场。若说一个企业在什么情况下还需要一点点历史观及自然景观意识给予的启迪的话，那无疑就是在这儿了——因为这里的自然风景之形成，本身就是为造就它的那些神奇力量之间的相互作用给出的最具说服力的证词。它就像一本打开的书，展现在我们面前，我们可以从中读出为什么这片土地是现在这个样子，以及为什么我们应该保持它的完整原貌。遗憾的是，书就摆在那儿，却没人去阅读。

这块地是西部高原和高大山脉的缓坡地带，其地势形成于数百万年以前落基山系的地壳大隆起。此地气候异常恶劣，四季变化极端：漫长的冬季里，暴风雪从山上扑来，整个平原被冰雪深埋；夏季则是酷热不堪，降雨极罕，土壤又被干旱深锁，干燥的风还要来盗取叶子和树干的水分。

在整个景观的演化中，必定曾有过长期反复试验与失败的过程，各种植物轮番登场，尝试着在这块大风呼啸的高地上扎下根来，可是它们一个个都失败了；最后，终于有一种植物经过不断的发育、进化，具备了在此地生存下去的全部特性——这就是低矮如灌木一般的鼠尾草，它们可以在山坡和高原上站稳脚跟，细小的灰色叶子可以将水分锁住，足以让风的盗水计划落空。于是，西部的高大平原变成了鼠尾草的天下——这绝非偶然，而是自然选择的长期结果。

同植物一样，动物生命也在顺应这块土地的甄选要求不断演变、进化。终于，有两种动物像鼠尾草一样，完美适应了这块栖息地，其中一种为哺乳动物——矫健优雅的叉角羚羊，另外一种是鸟类——鼠尾草松鸡，即刘易斯和克拉克远征[①]中描述的“高原雄鸡”。

① 刘易斯和克拉克远征（1804—1806）：美国国内首次横跨大陆向西抵达太平洋沿岸的往返考察活动，领队为陆军上尉梅里韦瑟·刘易斯（Meriwether Lewis）和少尉威廉·克拉克（William Clark）。此次考察成功获取了有关西部地理的广泛知识及主要河流和山脉的全面地形图，同时还观察和描述了 178 种植物和 122 种动物。

鼠尾草和松鸡简直像是天生绝配。这种鸟的原始分布区跟鼠尾草的生长区域碰巧一致，而随着鼠尾草生长范围的缩小，松鸡的数量也跟着下降了。对于高原上的这些鸟儿而言，鼠尾草提供了它们所需的一切：山脚下低矮的鼠尾草丛遮蔽了它们的鸟巢和幼鸟，茂密的草丛则是它们游荡和歇息的地方；同时，鼠尾草又随时随地为松鸡供应食物。不过，有来无往非礼也：这些雄鸡们也会以其壮观的求偶表演回馈鼠尾草，帮助它们疏松下面及周围的土壤，同时也协助了那些生长在鼠尾草庇护之下的青草得以扎根。

羚羊也同样适应了靠鼠尾草生存。它们是这个平原上最主要的动物，当冬季第一场雪降下来时，那些夏季在山里避暑的羚羊便纷纷下山，迁居到下面的高地平原。在那里，鼠尾草给它们提供了熬过严冬的食物。当其他植物的叶片都凋落时，鼠尾草却依然保持常青，它们那灰绿色的叶子——苦涩却散发着芳香，富含蛋白质、脂肪及多种必需矿物质的叶子，紧紧地依附在这些生长茂密的灌木茎梗上。尽管大雪一层又一层地堆积，鼠尾草的顶端还是会露在外面，羚羊可以用那尖利的蹄子把鼠尾草刨出来。这样，松鸡也有得吃了，有时它们可以在光秃秃的、被风吹刮的凸起地面上找到草料，有时就得跟在羚羊的后面，等着它们把积雪刨开后跟着蹭食。

其他的生命也都指望着鼠尾草：黑尾鹿就以它为食。鼠尾草对于那些冬季食草牲畜而言就意味着生存。绵羊冬季的牧食区大多都是那些几乎只生长高大鼠尾草的牧区。一年中一半的时间里，鼠尾草就是它们的主要草料，其能量值甚至高过苜蓿草。

可见，这严寒的高地平原、紫色的鼠尾草、矫健的羚羊还有松鸡，所有这一切就是一个完美平衡的自然系统。真的是这样吗？恐怕现在一切都要改变了——至少对于那些人类试图对自然生存方式进行改造的地区而言。这样的改造区域已经很多，而且还在不断扩大。土地管理部门打着发展的旗号，已经着手去满足牧民对更多牧场的永不知足的需求了。所谓牧场，他们指的是草场——只有牧草、没有鼠尾草的草场。于是，在一块自然条件下更适合与鼠尾草混生并需要鼠尾草庇护的草地上，有人却提议要除掉鼠尾草以创建出单一的草场。

似乎很少有人会问，这样的草场在这一地区是否会稳定，并能达成人类改造它的目标。对此，自然界给出的答案显然不同。这样一个降雨稀少的地区，其年降雨量根本不足以维持一片好牧场的草皮形成，它更有利于那些生长在鼠尾草庇护下的、多年生的丛生短草。

然而，铲除鼠尾草的计划已经进行多年了。多个政府机关都在积极投入，工业部门更是抱着极大热情参与其中，促进和鼓励这一事业的发展，因为这一事业不仅为草籽的销售，也为各式各样用于收割、耕作和播种的机械设备的销售开拓了广阔市场。而最新加入的武器当然是化学喷剂的应用，现在每年都有数百万英亩鼠尾草的土地被喷洒了药物。

其结果呢？铲除鼠尾草、播撒草籽的最终效果基本上都是靠推测而来的。对这种土地的特性有着长期经验的人都说，在这片土地上，牧草生长在鼠尾草间隙中或其下可能长势更好，一旦失去了能够保持水分的鼠尾草，牧草自身很难获得良好的长势。

纵然此项目成功达成了其短期目标，可是很显然，整张自然界精心编织的、环环相扣的生命之网已经被撕裂。羚羊和松鸡将随鼠尾草一起消失，鹿也难逃厄运，土地会更加贫瘠，因为属于这块土地的野生生物都被毁掉了。即便是目标受益者——家养的牲畜也将遭殃，因为若是绵羊在冬季的暴雪中没有了鼠尾草、灌木丛和其他平原野生植被而饿死的话，夏天无论有多少苍翠繁茂的绿草也是于事无补啊。

这些还只是直接的、明显的后果。而接下来的影响则与我们对付自然界的这种“霰弹式策略”有关：农药的喷洒必然会同时毁掉目标之外的大量植物。威廉·道格拉斯法官在其新作《我的荒野：东去卡塔丁山[①]》中讲述了一个骇人听闻的生态大灭绝案例，事件的罪魁祸首

---

① 卡塔丁山：美国缅因州最高点，位于该州皮斯卡特奎斯县的州立巴克斯特公园内，是阿巴拉契亚山脉的最北端。

是美国林业局驻怀俄明州布里杰堡国家森林管理委员会。迫于牧民索要更多草场的压力，该管理委员会对一万余亩的鼠尾草地实施了药物喷洒。鼠尾草被如愿杀灭，可是那些绿意盎然、生机勃勃的柳树也同样惨遭毒手。它们本来宛若一条条丝带，沿着曲曲弯弯的河流穿过一片片高地平原；麋鹿本来一直生活在这些柳林中，因为柳树之于麋鹿，就如鼠尾草之于羚羊一般。河狸也住在那儿，它们以柳树为食。它们把柳树放倒，横跨在小溪之上，造出了一座坚固的水堤；在河狸的辛勤劳动下，溪水水位不断上涨，居然围出了一湾湖水。山涧中的鳟鱼通常不会超过六英寸，可是在这湾湖水里的鳟鱼却茁壮成长，居然长到五磅重。水鸟也被湖水吸引而来。这些杨柳和以其为生的河狸几乎仅凭一己之力，就使这个地区成了魅力无穷的休闲娱乐区，成了垂钓和狩猎的好去处。

然而，随着森林管理委员会实施的所谓“改良”措施，柳树也随鼠尾草一起走上了末路——同样是拜公正不阿的喷剂所赐。道格拉斯法官于 1959 年，即喷药的当年，到访该地，他眼睁睁看着枯萎垂死的柳树，不禁震惊于如此“大面积的、难以置信的毁灭”。那么麋鹿呢？河狸以及它们营造出的那一方小天地呢？一年后他再次造访，在这片满目疮痍的“风景”中，他目睹了答案：麋鹿逃走了，河狸也逃了，没有了这群技艺高超的建筑师们精心照料，它们建造的水堤早已荡然无存；湖水也已枯竭，那些大个儿鳟鱼无一幸免，如今残存的一条小溪流像一根细细的丝线，穿过一大片再无任何树荫遮蔽的、光秃秃的、干热的土地，哪儿还有鱼能在这样的溪水里存活？这里的整个生命世界都已支离破碎。

除了每年四百多万英亩的牧场被喷药以外，其他类型的大片土地也因为要控制杂草而可能成为或已实际成为“化疗”的受体。比如，一个面积超过整个新英格兰①的区域（大约五千万英亩）正在由公共

① 新英格兰：位于美国大陆东北角、濒临大西洋、毗邻加拿大的区域，由北至南包括六个州，分别为：缅因州、新罕布什尔州、佛蒙特州、马萨诸塞州、罗得岛州、康涅狄格州。

事业公司经营管理，其中大部分土地都因为要“控制灌木”而被定期喷药。在西南区，估计有七千五百万英亩豆科植物的土地需要某种方式的治理，而化学喷药是最积极推行的办法。一块面积未知、但肯定很大的木材产区正在被高空喷药，以便将各类阔叶树木从抗药力更强的针叶林中铲除。用除草剂处理过的农业用地在1949年后的十年间整整翻了一番，1959年已达五千三百万英亩。至于正在接受“化疗”的私人草坪、园林及高尔夫球场若是加在一起的话，其总面积肯定可以达到天文数字了。

化学除草剂是一款闪亮登场的新玩具，它们的运作方式令人赞叹不已，可以赋予其使用者一种目眩神迷的自然征服者的感觉，至于它们或将带来什么远期的、暂时还不明朗的后果，这些很容易被看作悲观论者毫无根据的胡思乱想而被嗤之以鼻。“农业工程师”们快活无忧地高谈阔论“化学耕作法”，仿佛这个世界恨不得把它所有的犁头改作喷枪。万千社区的市政父母官们欣欣然倾听着化学药物推销商和签约心切的项目承包商们大谈特谈如何铲除路边的灌木丛——当然费用不低。“不过比割草治理法的成本低”——这就是他们散布的“民意”呼声。或许，从官方报表里那一排排整齐的数字来看，事实似乎也的确如此；可是，一旦要将真实成本——不仅包括以现金美元计核的成本，也包括我们接下来要谈到的诸多同样合理的“借方款项[①]”——计算在内的话，则大肆播洒化学药物的成本仅以现金美元计核已是只多不少，更不要说它给自然风景的健康状况及所有依赖这种健康才能获得的各种相关利益所造成的无限损失。

比如，全国上下每一个商会都视为无价之宝的那个商品——假日游客的美好愿望。愤怒的呼声早已不绝于耳，多少人齐声抗议那曾经

① 借方款项：银行术语，即从某银行账户中预先扣除的金额。比如，当你开出一张支票时，你的银行账户即会出现相应数额的借方款项。不过这里“借”指大肆喷药必然给环境和生态、商业性旅游度假乃至无辜的动植物种群造成的“副作用”，因为这些都是在尝试化学喷药法那一刻开始就注定要付出的成本和代价。

美丽的路边风景被化学喷剂毁了容，大片大片阴郁的、干枯的旷野取代了由蕨类植物和野花、由点缀着花朵和浆果的土生灌木构成的美景。"我们的路边已经变得肮脏、灰暗、死气沉沉、混乱不堪"，这是新英格兰地区的一名妇女在当地报纸上的愤怒控诉，"我们花了那么多钱宣传这里的美景，可是这根本不是游客们希望看到的景象"。

1960 年夏天，来自多个州的生态环保人士齐聚缅因州一座宁静的小岛，共同见证岛主米利森特·托德·宾厄姆将该岛赠予全美奥杜邦协会[①]的典礼仪式。当天的仪式主题为保护自然风光、保护这个由小到微生物大到人类交织而成的错综复杂的生命之网。可是，所有与会者私下谈论的都是他们对一路赶来所目睹的沿途风景惨遭破坏而感到的愤慨。曾几何时，沿着这些道路穿越四季常青的森林，欣赏着道路两旁的杨梅和香厥木、赤杨和越橘果，是多么惬意的享受！而今，处处一派阴郁的荒芜景象。其中一位环保人士事后是这样描写那一次 8 月漫游缅因小岛之感受的："我失望而归……缅因州的公路美景被如此亵渎令我气愤不已。就在前几年，那里的公路两旁到处镶嵌着野生的花草和迷人的灌木，绵延数英里都很难看见一株死亡的植物……就算是仅作一道经济命题：由此等景象所导致的游客口碑的丧失，缅因州啊，你能承受得起吗？"

缅因州的公路景象不过只是全国上下打着治理路旁灌木的旗号而蓬勃开展愚蠢破坏的一个缩影而已，不过是对于我们当中那些深爱着该州美景的人而言，这个例子尤其令人心痛罢了。

康涅狄格州植物园的植物学家们宣称，对美丽的原生灌木和野花的铲除已经足以造成"路边原野危机"。杜鹃花、月桂、蓝莓、越橘、荚蒾、山茱萸、杨梅、香厥木、低灌木、冬青、野樱桃以及野生梅都在化学药物的轮番进攻下濒临死亡，曾为山水景观增姿添彩的雏菊、黑眼苏珊、安妮女王蕾丝、秋麒麟草以及秋日紫苑也难逃厄运。

---

① 全美奥杜邦协会：美国的一个民间公益环保组织，以美国著名画家、鸟类学家及博物学家约翰·詹姆斯·奥杜邦的名字命名。该协会成立于 1886 年，是世界同类组织中历史最悠久的。

农药的喷洒不仅计划不周，而且经常出现随意滥用的行为。在新英格兰南部的一个小镇，一个承包商完成喷洒后桶里仍有一些药剂，于是便沿着林地路边直接将其排掉了，而这里并未取得喷洒药物的许可。结果，这个乡镇从此失去了秋日路边美丽的蓝紫色和金黄色，那是秋日紫苑和秋麒麟草曾经展示的值得远道而来一睹风采的景致。在另外一个新英格兰区镇，一个承包商在未告知公路管理部门的情况下擅自改变了该州对于城镇农药喷洒的明确规范，对路边植物的喷洒高度达到了八英尺，而非明确载明的四英尺限高，迷人的风光从此留下了一道宽阔的、灰褐色的疤痕。马萨诸塞州一地的市政官员从一个热心的农药推销员那儿购买了一种除草剂，岂不知里面却含砷。随后的路边喷洒导致的恶果之一就是十数头奶牛死于砷中毒。

1957 年，沃特福德镇用化学除草剂进行路边喷洒时，康涅狄格植物园自然保护区内的树木遭到了严重损害，就连没有直接喷洒的大树也受到了影响。即便正值春季生长期，橡树的叶子却开始卷曲发黄。随后，新枝条开始长出，且长势迅猛、异常，枝条下垂，导致树木显出一副落泪相。两季后，所有树上的粗大枝干都已枯死，剩下的枝杈也没有了叶子。那些畸形生长的、下垂的枝条使整片橡树林始终呈现出一派哭泣落泪的模样。

有一条连绵的公路我很熟悉，那里全部是大自然自我规划的景观，道路两旁点缀着赤杨、荚蒾、羊齿植物和杜松；四季流转，那里时而推出夏季浓妆艳抹的鲜花，时而捧出秋天一串串珠玉般的累累果实。路上的交通并不繁忙，也没有什么急转弯或者岔路口会使司机的视线因灌木丛而受阻，可是这里还是没能逃脱喷雾器的监管。如今，这条绵延数英里的路令你恨不得一步跨越过去，那幅景象简直令你不堪忍受，仿佛整个心灵都被封闭，唯一的念头就是，我们居然允许我们的技术人员制造出这么一个贫瘠而丑陋的世界。不过偶尔也有那么几处地方，我们的当局机构不知何故，居然下不去狠手了，要么就是由于某种莫名其妙的监管疏漏，反正在一片严苛而严密的管控之下，居然有个别美丽的绿洲逃脱了魔掌，可是恰恰是这些绿洲使我们更加难以接受公路大半已惨遭亵渎的不堪景象。每每遇到这样的绿洲，看到那荡漾的白色三叶草、那云彩般的紫色野豌豆花，还有偶尔看到的木百合那火焰般盛开的鲜花，我们的精神都会为之一振。

只有在那些把售卖和施用农药做成了生意的人眼里，这些植物才成了“野草”。控制杂草的会议如今已成家常便饭，在其中一次会议的会讯上，我读到了一篇超凡脱俗的有关除草剂哲学的论述。作者辩称，杀灭某些有益植物的行为是合理的，“仅仅因为它们自甘堕落，竟与坏植物为伍”。接着他又说，那些抱怨路边的野花被害的人使他想起了当年的反对活体解剖论者①，因为“对他们而言，似乎一条流浪狗的生命比孩子的生命更加神圣似的”。

在这篇高论的作者看来，毫无疑问，我们当中很多人都成了“犯罪嫌疑人”，罪名是“性格极端变态”，因为我们居然更愿意看到野豌豆、三叶草和木百合那种纤弱不堪、转瞬即逝的美，却不愿意看到路边仿佛被圣火烧焦、灌木灰头土脸一折就断、曾经不可一世地高举着它们那高傲花盘的蕨菜如今也已蔫蔫巴巴垂头丧气，以及诸如此类的震撼场面。在他看来，我们似乎都懦弱得可悲可叹，居然能够眼睁睁看着那些“杂草”而容忍它们存在，居然没有对它们被铲除而感到欢欣鼓舞，居然没有为人类又一次征服了这个邪恶的自然界而欢呼雀跃。

道格拉斯法官讲述过他参加一次联邦外务员②集会的见闻，当时他们讨论的议题是市民对我在本章前面提到的鼠尾草喷药计划的抗议活动。这些人认为，有个老太太居然因为野花被毁而反对该计划，这简直是滑稽可笑。而这位文雅、聪明的法官则反问道：“可是，她只是想要找到一朵斑纹花杯或是一株虎皮百合，这难道不是她不可剥夺

---

① 反对活体解剖论者：反对为医学研究或实验而对动物的活体进行解剖的人。
② 联邦外务员：专门从事推销职业的人。

的权利吗？这和牧民要寻找草场，或者伐木工要找到一棵树有什么分别呢？旷野的美学价值也同样是我们要继承的遗产，就如同山里的铜矿、金矿，以及山间森林一样。”

当然，保护路边植物的愿望绝非仅仅出于审美的考虑。在大自然这个组合体中，天然植物本来就有其不可或缺的地位。乡间公路沿途的树篱为鸟类提供了食物和栖息孵养之地，为许许多多的小动物提供了栖身之所。仅东部各州约七十种典型的路边野生灌木及藤蔓类植物物种中，便有六十五种为野生动物提供了重要食物来源。

这些植物同时也是野生蜜蜂及其他授粉昆虫的天然栖息地。人类往往意识不到自己对这些野生的授粉昆虫有多么依赖，就连农民都很少了解这些野蜂的价值，还经常亲自实施各种手段，将人家送上门的服务拒之门外。事实上，一些农作物及许多野生植物都要部分甚至全部地依靠这些天然授粉昆虫的帮助：数百种野蜂参与了农作物的授粉过程，仅光顾苜蓿花的野蜂就达一百种之多。没有这些昆虫的授粉，非农业耕作区的绝大多数可以保持水土并使土壤保持肥沃的植物都将死光光，从而给整个地区的生态造成广泛深远的影响。森林和牧场的许多野草、灌木和乔木都要靠这些天然昆虫才得以繁殖，而若没有了这些植物，许多野生动物和牧场牲畜都将无食可觅。如今，清耕法[①]及化学杀灭剂正在消灭这些授粉昆虫最后的避难所，同时也就是在切断生命与生命之间的连线。

这些昆虫对我们的农业而言、事实上是对我们所熟知的整个田野而言如此不可或缺，因此理应得到我们的善待，而不是像现在这样肆意破坏它们的栖息地。蜜蜂和野蜂主要依靠秋麒麟草、芥菜及蒲公英之类的所谓“杂草”提供的花粉作为它们幼虫的食物；在紫苜蓿尚未开花之前，野豌豆则为蜂类提供基本的早春饲料，帮它们熬过这个春荒季节，以便做好准备为紫苜蓿花传粉；秋天里，它们只能靠秋麒麟

---

① 清耕法：又称无杂草耕作法、无覆盖耕作法，此耕种方式虽有一定优点，但长期采用弊端很多。

草来储备冬食，毕竟这个季节再得不到什么其他食物了。到了第二年，大自然界又会巧妙而精准地设定好时间，让第一批野蜂的出现刚好就在柳树花开的那一天里。了解这一切的其实不乏其人，只不过他们不是那些可以发号施令、让人用化学药物将整个田野湿透的人。

那么那些本该理解适宜的栖息地对于保护野生生物之重要价值的人呢？他们都去哪儿了？这下你会发现，他们当中有太多的人都在为除草剂对野生动物“无害”的鬼话申辩呢！说什么除草剂被公认比杀虫剂毒性小，因此，也就是说，不会带来什么伤害。可是，就在除草剂如降雨一般洒向森林和田野、洒向湿地和牧场的同时，它们就已注定给野生生物的栖息地带来了显著的变化，甚至是永久的毁灭。长远看来，摧毁野生生物的家园和食物来源，或许比直接屠杀它们更可怕。

这种对公路两侧及路权界区实施“通杀”式化学攻击的做法具有双重的讽刺性。其一，它把它竭力解决的问题变成了永久存在的问题，因为现有经验已清楚表明，除草剂的这种“地毯式”、全覆盖施用法并不能永久控制这些路边“丛林”，而是需要年复一年地重复喷洒。其二，也是更大的讽刺在于，我们坚持此等做法，尽管事实上我们明明知道有一个更完美、更合理的办法——选择性喷药法。此法就大部分植被类型的控制而言，既可以达到长期的控制效果，同时又消除了重复喷洒的必要性。

其实，对道路两侧及路权界区内的植物实施控制的目的，并非要彻底扫除青草以外的一切植株，而是只需除掉那些最终会长得过高的植物，以免它们阻挡司机的视线或者干扰路权界区内的线缆——也就是说，一般只针对乔木即可，因为多数灌木长得很矮，不会造成任何威胁；当然，羊齿植物和野花也一样。

选择性喷药法是由弗兰克·艾格勒博士研发的，当时他就职于美国自然历史博物馆，出任路权界区树丛控制推荐建议委员会主管。该方法利用了自然界固有的稳定性，其理论基础在于这样一个事实：大

部分灌木种群都具有极强的抵抗乔木入侵的能力，而相比之下，草原则很容易被乔木的种苗所侵占。因此，选择性喷药法的目标就是不在道路两侧及路权界区繁殖草类，同时通过直接施药法除掉那些高大的木本植物，并保留其他植被。这种直接施药法通常一次足矣，最多就是对某些极端耐药的品种实施一次跟进处理；此后，灌木便掌握了控制权，乔木再也无法反击。可见，控制植物最佳、同时也是成本最低的方案不是化学药物，而是利用其他植物。

此方法也已在美国东区多处研究点试验，结果表明，只要施药方法得当，该地区的生态就会稳定下来，至少二十年无须再次喷洒。药物的喷洒常常可以由人工步行即可完成，仅需背包式喷雾器，并且可以完全控制喷洒用药。有时也可以将压缩泵及喷洒用药置于卡车的底盘上，但是也无须地毯式喷洒；施药仅针对乔木树种，以及个别长势过高、必须清除的灌木树种。这样，环境的完整性得以保存，价值巨大的野生生物栖息地完好无损，同时又无须牺牲灌木、羊齿植物和野花构建的美景。

然而，目前只有少数地方采用了选择性喷药进行植物管理的方法，而大部分情况下却是积习难改，地毯式喷药法继续大行其道，年复一年地从纳税人那里索取沉重的开支，同时又对生命世界的生态之网不断地施以酷刑。当然，它之所以能够大行其道，仅仅是由于上述事实不为人知而已；一旦纳税人明白，原来给城镇道路喷洒药物的账单本来可以一代人仅支付一次，而无须每年支付一次，那么他们自然就会群起而抗之，要求改变方法了。

选择性喷药的诸多优势之一在于，它将施入自然环境的化学药物量降到了最低限度。无须再将药物漫天播撒，而是集中施于树木根部，对野生生物可能造成的潜在危害也随之降到了最低限度。

使用最为广泛的除草剂是2，4–D、2，4，5–T以及相关化合物。这些药物是否确实有毒目前仍在争论之中。用2，4–D来喷洒草坪并被喷剂淋湿的人偶尔会患上严重的神经炎，甚至导致瘫痪。尽管此类事件并不常见，但医疗机构还是一再警告，使用此类化合物必须谨慎。还有一些更加不易察觉的危险也可能潜藏于2，4–D的使用中。有实验表明，它会扰乱机体细胞正常呼吸这一基本生理过程，还会像X射线一样破坏染色体。某些最新研究表明，此类药物及相关除草剂在剂量远低于致死剂量的情况下，也可能对鸟类的繁殖功能产生不良影响。

除了直接的毒性作用外，使用某些除草剂后还可能导致一些奇怪的间接后果。现已发现一些动物——无论是野生的食草动物还是家养牲畜——有时会被一种喷洒过药物的植物莫名其妙地吸引，尽管那不是它们的天然食料；若是该植物施用了类似砷这种毒性很强的除草剂，那么这种强烈而莫名的食欲必将造成灾难性的后果。还有，若是某植物碰巧本身有毒或是长有荆棘或芒刺的话，那么即使对其施用了毒性较低的除草剂也可能带来致命的后果。比如，一种有毒的牧场杂草在施药后突然变得对牲畜极具吸引力，而这些动物很快就会因沉迷于这种不正常的食欲而丧命。兽医药物文献里类似的例子数不胜数：猪吃了喷过药的苍耳子[①]、羔羊吃了喷过药的蓟属植物[②]而突发重病，蜜蜂因在开花后喷过药的芥菜上采蜜而中毒，等等。叶子本身具有高毒性的野樱桃一旦被喷洒过2，4–D后，即会对牛畜产生致命的吸引力。表面看来，使该植物产生吸引力的原因似乎是喷药后（或者割断后）出现的凋萎。豚草则提供了另外一种例子：家畜通常都会躲开这种植物，除非是在深冬或者早春季节因其他草料实在匮乏才被迫食用；然而，当它的叶子被喷洒过2，4–D后，动物就会急不可耐地要吃掉它。

对于这种奇怪现象的解释似乎在于化学药物给植物本身的新陈代谢带来的变化：含糖量暂时出现显著升高，使得该植物对许多动物产生了更大的吸引力。

---

① 苍耳子：一种芒刺类杂草。
② 菊科蓟属植物通常叶子边缘呈锯齿状。

2，4–D另外还有一种奇怪的效果，对于家畜、野生动物，甚至对人类而言都有重要影响。大约十年前已开展的实验表明，施用这种化学药物后，谷物和甜菜的硝酸盐含量就会急剧升高。同样的效果在其他植物身上也有疑似发现，包括高粱、向日葵、紫露草、羊蹄草、猪草以及荨麻。这其中多数植物通常牛畜是睬都不睬的，可是经过2，4–D的处理后，就会让它们吃得津津有味。根据一些农业专家的追查，数起牛畜死亡案例均与喷过药的杂草有关。危险就在于硝酸盐的增长，这种增长会因反刍动物特有的生理机能而立刻引发严重问题。大多数这类动物都有一个异常复杂的消化系统，它们的胃分为四个腔室，而纤维素的消化是在微生物（即瘤胃细菌）的作用下在其中一个腔室里完成的。当该动物食用了硝酸盐含量异常升高的植物后，瘤胃中的微生物就会作用于硝酸盐，使其变成剧毒的亚硝酸盐。此后，一系列致命的连锁反应便接踵而至了：亚硝酸盐作用于血色素后使其形成一种巧克力色的物质，该物质会将氧气牢牢锁住，使其不能参与呼吸过程，这样的话，氧气就不能从肺部传输到各机体组织。由于缺氧症，即供氧不足，不出几小时，死亡就会降临。至此，多起有关牲畜吃过某些施用了2，4–D的野草后死亡的病例报告总算有了合理解释。同样的危险在同属反刍类的野生动物身上也存在，比如说鹿、羚羊、绵羊以及山羊。

虽说有多种因素均能导致硝酸盐含量的升高（比如气候异常干燥），但是2，4–D滥卖与滥用的情况绝不可掉以轻心。威斯康星州立大学农业试验站认为这一状况极为重要，足以证实1957年发出的警告："死于2，4–D的植物可能含有大量硝酸盐。"此威胁不仅仅限于动物，对人类而言也同样存在，这或许可以解释近期频频发生的"青贮窖死亡"事件。当含有大量硝酸盐的玉米、燕麦或者高粱贮存于地窖时，它们会释放有毒的一氧化氮气体，给进入青贮窖的人造成致命的危险。这种气体只需吸入几口，即会引起弥漫性的化学性肺炎。明尼苏达州立大学医学院研究过的一系列同类病例中，除一例之外，其余全部造成了死亡。

“我们行走在自然界里，就像大象踏入了瓷器柜一般。”深谙内情的荷兰科学家 C.J. 布里耶这样总结我们对除草剂的使用，“在我看来，我们凡事太过想当然了。我们其实并不知道庄稼里的那些草是全部都有害呢，还是有一些是有益处的”。

杂草与土壤之间究竟是什么关系？这个问题很少有人会问。可是，即便是站在我们自己的切身利益这个狭隘立场看，这一关系也是有益的。一如我们所见，土壤与生存于土壤里面或土壤上面的生物之间是一种相互依存、互惠互利的关系：不错，野草可能从土壤中获取了什么东西，可是或许它同时也给土壤贡献了一些东西。对此，荷兰一座城市的公园最近提供了一个实例。公园里的玫瑰花长势不好，土壤取样分析表明，它们受到一种微小线虫的侵害。荷兰植物保护部门的科学家并没有推荐使用化学喷剂或者进行土壤处理，而是建议在玫瑰花园中种植金盏草。要是在纯化论者看来，这种植物出现在任何一座玫瑰花坛里，无疑都是杂草；可是，恰恰是从它的根部释放的一种分泌物可以杀死这种土壤线虫。该建议得到采纳，一些花坛植入了金盏草，另一些则没有，以作为实验参照物。结果是很明显的：在金盏草的帮助下，玫瑰花长势茂盛；而对照组的花坛里，玫瑰花则呈现病态且枯萎了。如今，金盏草在许多地方都被用于消灭线虫。

同理，其他一些被我们无情铲除的植物可能也在发挥着对土壤有益的作用，而我们或许对此还一无所知。如今被我们统统斥为“杂草”的那些天然植物群落有一个非常实用的功能，它们可以作为土壤状况的指示剂。当然，在施用了化学除草剂的地方，这一实用功能便丧失了。

那些对付所有问题都是“一喷了事”的人们也忽视了一件科学意义极为重大的事情，即保护某些天然植物群落的必要性。我们需要这些植物作为一个参照标准，借以衡量人类自身行为所带来的变化。我们需要它们作为自然生境，在那里，昆虫及其他生物的原始种群能够得以延续；因为，正如我们在第十六章将进一步解释的那样，对杀虫剂的抗药性的发展正在不断改变昆虫，或许也包括其他生物的遗传因子。有一位科学家甚至建议，在这些昆虫的遗传性质被进一步改变之前，应该专门建立某种形式的“动物园”，以保存那些昆虫、螨虫及其同类生物，以免它们的基因组成发生进一步的改变。

由于除草剂的使用日益增加，有些专家对植物可能发生的微妙却影响深远的变化提出了警示。比如，2，4–D 这一农药在杀灭阔叶植物的同时，会导致草类因缺乏竞争而异常繁茂，而现在，这些草类有些已成为“杂草”，从而给植被控制又添新难题，启动了又一轮的循环。这一奇怪的状况在最近一期专门研究农作物问题的杂志中得到了承认：“随着控制阔叶类杂草的 2，4–D 的广泛使用，野草已日益成为谷物和大豆产量的一大威胁。”

豚草——花粉病[①]患者的致病源，就是一个有趣的例子，从中可以看到我们为控制自然所做的努力是如何事与愿违，反过来却让我们自食其果的。仅以控制豚草为名，每年就有几千加仑的农药被喷向了公路两侧的土地。然而不幸的事实是，这种地毯式的喷洒造成的结果却是豚草增加而不是减少。豚草是一年生植物，它的种子生长每年都需要一定的开阔土地；因此我们对付这种植物的最佳措施是用灌木、蕨类及其他多年生植物维持一个稠密的植被环境，而喷药却恰恰消灭了这些保护性植物，从而人为创造了开阔的荒地，豚草刚好前来补缺。再者说，空气中的花粉成分很可能跟路边的豚草无关，而是由城区和休耕地的豚草带来的。

马唐草化学灭草剂的热卖又是一个例子，此例同样告诉我们不合理的方法是多么容易反过来让我们自作自受的。根除马唐草其实有更廉价且更有效的方法，无须年复一年地尝试用化学药物将其杀灭。这

---

① 花粉病：花粉过敏症，是因花粉引起的呼吸道变态反应，主要症状为呼吸道、消化道及皮肤过敏反应以及过敏性休克等。本病发作有明显的地区性和季节性，在美国主要是由豚草引起，人群发生率约 5%，有些地区则高达 15%。

一方法就是用其他草类同它竞争，使它无法存活。马唐草只能生存于不健康的草皮状态下，它是一种疾病的症状，而非疾病本身。那么，通过提供一块肥沃的土地，同时帮助我们需要的草类开个好头，就有可能创造出一种令马唐草无法生长的环境，因为它每年都需要开阔的空间才能发芽。

然而，当地居民并没有从根本入手加以治理，而是听信了苗圃园丁的建议，而苗圃园丁呢，他们听取的是农药生产商的建议，结果可想而知，当地居民每年都给草坪施用数量惊人的马唐草除草剂。这些特别配制的药剂中，许多都含有诸如汞、砷及氯丹这样的有毒物质，不过推向市场后，你从商品名称上可看不出这些特性。按推荐用量施用后，你的草坪就会留下大量的此类药物。比如，其中一款产品的使用者如果按照产品说明施用的话，他们将在每英亩地里施入相当于60磅的氯丹；如果他们换成另外一款可选产品的话，则将在每英亩地里施入175磅的金属砷。多少鸟类因此而死，到了第八章我们就会明白；然而这些草坪会给人类带来怎样的毒害，我们还不得而知。

反观那些一直使用选择性喷药法来进行路边及路权界区植物管理的地区，它们的成功经验带来了一种希望，即可以制定合理的生态方法用于农场、森林及牧场的植物控制，这些方法不是以消灭某一特定物种为目的，而是旨在将各类植物看作一个生态群落来加以管理。

其他方面已取得的实质性进展也给我们指明了未来的方向。比如，生物控制法在限制不必要植物生长的领域内已经取得了一些非常引人注目的成绩。如今困扰我们的这些难题，大自然自身也曾经遇到过，可是她通常都是以自己的方式成功化解了；只要人类能够学会观察和仿效自然，就会得到成功的回报。

在控制不理想植物领域内，一个突出的例子是加州对克拉玛斯杂草的处理方式。尽管克拉玛斯杂草，或称羊角草，本是欧洲的原生植物（在那儿被称为圣约翰斯沃草），可是它随人一路西迁，在美国首次出现是1793年在宾夕法尼亚州兰开斯特附近。到1900年时，它已经到达了加州的克拉玛斯河附近，它的名字就是由此而来。到 1929 年，它已经占领了超过十万英亩的牧场用地，而到了 1952 年，它更是侵占了大约两百五十万英亩的土地。

克拉玛斯杂草跟鼠尾草之类的本地原生植物不同，当地的生态环境中并没有它的一席之地，也没有任何动物或其他植物需要它。恰恰相反，无论它出现在哪里，那儿的家畜就会因为吃了这种有毒的草而“浑身疥癣、口舌生疮、萎靡不振”。甚至土地价值也随之下跌，因为人人都觉得这儿的土地有一半的“产权”握在克拉玛斯杂草手里。

而在欧洲，克拉玛斯杂草或称圣约翰斯沃草，就从未造成过任何问题，因为有多种昆虫与该植物相伴而生，昆虫的大量摄食使得该草种的数量大受限制。尤其是在法国南部有两种甲虫，大小如豌豆，外壳呈现金属光泽，它们的生存完全依附于这种草，只能以它为食物，并依靠它才能得以繁殖。

1944 年，这些甲虫被首次装船运到了美国，这是一次具有历史意义的事件，因为这是整个北美大陆首次尝试用昆虫来控制某种植物的数量。到了 1948 年，两种昆虫都已完全适应了当地的生活，并开始繁衍起来，无须进一步依赖进口。它们的扩散方法是，先将甲虫从最初的群落中采集出来，然后将它们以每年一百万只的数量散布到各地；而在小区域内，这些甲虫自己就能完成扩散——只要克拉玛斯杂草一灭光，它们便转移战场，而且非常精准地锁定新的草场。就这样，这些甲虫使杂草日渐稀疏，而此前被排挤的理想牧草品种终于得以复兴。

1959 年完成的一项为期十年的调查表明，克拉玛斯杂草的防治工作“效果甚至超过热心者的期望值”，其数量已经减少到了从前的 1%；而这一象征性的杂草数量已经无害，实际上还是必需的，这样才能维持一定数量的甲虫，以防未来杂草数量再次回弹。

另外一则异常成功而且低成本的杂草控制范例当属澳大利亚的这一案例。出于殖民者常有的一种癖好——将某些植物或动物带进一个新的国度，有位阿瑟·菲利普船长在1787年前后将多种仙人掌品种带入了澳大利亚，打算用它们来培育用以制造染料的胭脂虫。结果有几个品种的仙人掌“逃”出了他的花园；转眼到了1925年，此时已有二十几个品种可以在野生环境下找到。由于在这片新的地盘里没有天敌的控制，它们得以肆意蔓延，最终占领了大约六千万英亩的土地，这块大陆至少一半区域都被它们密集覆盖，数量多到已经毫无价值。

1920年，一批澳大利亚昆虫学家被派往南美和北美，以便在原产地寻找这些仙人掌的昆虫天敌。几经尝试后，终于在1930年找到了一种阿根廷飞蛾，并将它的三十亿只虫卵引进了澳大利亚本土。七年后，最后一批长势浓密的仙人掌也死掉了，曾经不宜居住的地区终于又重新可以定居和放牧了。整个过程花费的成本平均每亩还不足一便士。相比之下，前些年所采用的化学药物控制法不但结果不能令人满意，而且花费的成本每亩高达十英镑。

这两则范例都表明，许多种不被需要的植被都有极为有效的控制手段，只需密切留意那些食草昆虫的作用即可。在所有的食草动物中，这些昆虫大概是最“挑食”的，而它们这种高度专一的摄食习性可以很容易地为人类所用，然而，所谓的牧场管理科学对这种可能性却基本上置之不理。

第七章　不必要的浩劫

人类确实在朝着自己宣称的征服自然的目标阔步前进，可是在他身后，写下的却是一部令人心痛的自然破坏史。破坏的矛头不仅指向他所栖居的地球，还指向了与他一起共享地球的所有生命。仅最近几个世纪的历史，便已写满了黑暗的篇章：西部平原上对野牛的屠戮、黑市的枪手对水鸟的残杀、为了得到白鹭的羽毛而令其几近灭绝。而今，除了这些长篇大段还不够，我们又要再添新的章节，书写一段新的浩劫——动用化学杀虫剂漫天喷洒，不加甄别地直接杀灭这块土地上所有的鸟类、哺乳动物、鱼类以及几乎每一种形态的野生生命。

按照目前正在主导我们命运的这种哲学，似乎任何事都不可以阻挡手拿喷枪的人前进。在他讨伐昆虫的征战中意外受害的倒霉蛋不算什么，如果知更鸟、野鸡、浣熊、猫科动物甚至家养牲畜，碰巧跟要消灭的昆虫住在同一地点而被杀虫毒药的火力所覆盖，那也是它们咎由自取，任何人不得提出抗议。

希望对野生生物遭受损失的问题做出公正判断的居民们如今遭遇了一个两难之选：一方面，环保主义者和许多野生生物专家断言，伤亡已然十分惨重，某些情况下甚至已是灾难性的毁灭；而另一方面，病虫防治机构却往往断然否认曾有此类伤亡发生，或者直截了当地说，就算发生又有何妨。那么我们应该接受哪一派观点呢？

首先，目击者的公信度是至关重要的。要说揭露和阐明野生生命的伤亡内情，最有资格的当属第一现场的野生生物专家；而昆虫学家呢，他们的专长只是昆虫，从专业实训看就已是不够胜任，更何况让他们去查明自己的防控计划可能带来的负面影响，心理上他们也是不会乐意的。然而，恰恰就是各州及联邦政府的这些病虫防控人员，当然还有农药生产商，一口否认了生物学家所报道的诸多事实，并宣称他们看不到野生生物受害有何真凭实据。就像《圣经》故事里的祭司和利未人[①]一样，他们选择各走半边路，彼此视而不见。不过，就算我们宽以待人，把他们的否认解释为专家的短视或是因利益的驱使，可这并不意味着我们必须因此而承认他们有资格做证。

要想做出自己的判断，最好的办法是亲自去查阅一些大型防控项目的资料，再向那些熟悉野生生物的生活方式并且对化学农药没有偏见的旁观者了解一下，在化学药剂像降雨一般铺天盖地落入野生生命的世界后，随之而来的究竟会是什么？

对于鸟类观察者和从自己花园里的鸟儿身上获取快乐的郊野之士而言，对于猎人、渔人或者荒野探险者而言，任何破坏一个地区的野生生物之行为，哪怕只有短短一年，也是剥夺了他本该合法享有快乐的权利。这种观点是正当的，因为即便是某些鸟类、哺乳动物或者鱼类在单次喷药后还能重新安身立命——此类情况确实也时有发生，不过已造成的伤害却是巨大而且真真切切的。

然而，这种复兴的可能性其实不大，因为喷药往往都是反复进行的，使得一种野生生物的数量还有机会恢复的单次喷药其实很罕见。由此而来的后果是整个环境被毒化，成为一个致命陷阱，在这里，不

① 祭司和利未人的关系在《旧约圣经》中是一个很复杂、很棘手的问题。利未是雅各和利亚的第三个儿子，他的后代称为利未支派，其中最著名的后裔是带领几百万犹太人出埃及的摩西，他的哥哥亚伦是以色列第一位大祭司，并且只有亚伦的后代，才能做祭司侍奉耶和华，其他利未族人则被分别出来，禁止担任祭司，只能负责献祭、会幕管理等事务。

仅定居于此的生物会死，迁居过来的也会死。喷药的区域越大，危害也就越严重，因为安全的绿洲已经不存在了。迄今，极具时代特色的病虫防治项目已历经十年，成百上千万亩的土地被集中喷药，民间和地方性的喷药更是稳步上升，美国的野生生物惨遭迫害和死亡的案例早已是堆积成山。现在就让我们回顾一下这些案例，看看曾经发生过什么后果吧。

1959年秋季，密歇根州东南，包括底特律郊区的大约两万七千多英亩的土地被高空播撒了大剂量的艾氏剂颗粒，这是最危险的氯化烃农药之一。该次行动是美国农业部和密歇根州农业部联合执行的，其宣称的目的是防治日本甲虫。

事前种种迹象表明，没有什么必要非得采取如此过激而危险的行动，恰恰相反，该州最知名、最有学识的一位博物学家沃尔特·P.尼科尔以其长期的田间实地经验及每年夏天深入密歇根南部所做的长时间观察，曾公开声明："凭借三十多年以来我的直接经验判断，日本甲虫在底特律市仅有少量存在，并且随着时间的推移，其数量并未呈现任何明显增长。事实上，除了在底特律市政府的捕虫器中看过几只外，我还没有见过哪怕一只日本甲虫……一切都是这样秘密地进行着，至今我也没获得任何信息能表明它们的数量有所增长。"

该州某机关一份官方文件只是宣称，这种甲虫在指定进行空中打击的区域内"有所抬头"。就这样，在没有任何正当理由的情况下，该项目悍然启动，由州政府提供人力并予以全程监督，联邦政府提供设备及补充人手，杀虫剂嘛，自然是全区百姓来买单。

日本甲虫是意外传入美国的一种昆虫，1916年最早发现于新泽西州瑞弗顿附近的一间苗圃内，当时人们看到几只发亮的、带有绿色金属光泽的甲虫，开始还没有人认得，后来才被确认为日本主岛的常见品种。显然，它们是在1912年限制条例颁布之前，随苗木进口而进入美国的。

日本甲虫从最初进入的地点开始逐步扩散，现已分布相当广泛，遍及密西西比河东部的许多州，那里的气温及降雨条件均适宜甲虫生活。每年，它们通常还会在现有的分布区域以外发生一定的扩张之势。该甲虫定居时间最长的东部各州曾做过多种尝试，并已建立起自然控制机制。此后，据多份记录证实，该甲虫的数量一直保持在较低范围内。

尽管东部地区已有合理控制甲虫的先例，但位于该甲虫分布区域外缘的中西部各州居然对这么一种破坏力并不算强的昆虫发动了足以消灭最致命敌人的攻击手段，动用了最危险的化学药品，而且采取的喷药方式足以令全区范围内大量的人类、家畜及全部野生生物暴露于仅仅旨在对付甲虫的毒药之下。结果，这些甲虫防治计划业已造成令人震惊的野生动物大灾难，并使人类遭遇了无可否认的危险。密歇根州、肯塔基州、艾奥瓦州、印第安纳州、伊利诺伊州及密苏里州的许多地区都在甲虫防治的名义下，遭受了一场化学毒药的清洗。

密歇根州的此次喷药行动是史上首次从高空向日本甲虫发动的大规模进攻。之所以选用所有化学品中最致命的药物之一——艾氏剂，完全不是出于它对防治日本金龟子有任何独特功效，而仅仅是为了省钱——艾氏剂是可选化合物中最便宜的。尽管在其官方媒体发布会上，该州公开承认艾氏剂是一种“毒药”，但又同时暗示，它不会给施药的那些人口稠密的地区带来任何人员的伤害。对于“我该提前采取什么预防措施？”这一询问，官方给出的回答是：“你嘛，什么都不需要。”事后，当地媒体引用联邦航空署一位官员的发言，大致意为“这是一次安全的操作”。底特律园林及娱乐设施管理处的一名代表又进一步担保“该粉剂对人无害，也不会伤害植物及宠物”。我们只能假装认定，这些官员当中不曾有任何一位查阅过由美国公共卫生署、鱼类及野生生物管理处等机构早已公开发表的、随手可及的现成报告，以及有关艾氏剂剧毒特性的其他任何证据。

根据密歇根州害虫防治法的规定，州政府有权任意喷洒农药，无须书面通知或取得土地所有者的许可。遵照此规定，低空飞机直接飞临了底特律市区上空，市政当局和联邦航空署立刻被忧虑的市民来电所包围。据《底特律新闻》报道，警方在一个小时内已接到近八百通来电，无奈只好恳请电台、电视台及报社“告知观众他们看到的是什么，并通知他们这一切都是安全的”。联邦航空署的安全专员向公众保证“这些飞机都处在严密监管之下”，且“低飞是经过授权的”。接着，他又尝试进一步缓解公众恐慌，不过努力方向多少有点偏差：他补充说，这些飞机都配有紧急安全阀门，可以使它们瞬间倾卸掉机上装载的全部药量。谢天谢地，幸亏当时没有这么做。不过就算飞机工作正常，杀虫剂却是一粒不少地同时撒向了甲虫和人类，“无毒无害”的毒药雨从天而降，劈头盖脸地撒向购物的人们、上班路上的人们，撒向刚刚从学校出来去吃午饭的孩子们。家庭主妇们忙着把那些据称“看起来像雪一样”的颗粒从门廊和过道上扫开。正如密歇根州奥杜邦协会在事后所描述的，“在屋顶瓦片的夹缝中、在屋檐的沟槽中、在树枝和树皮的裂缝中，到处都是这种由艾氏剂和黏土混合而成的白色颗粒，它们不过针尖大小，却数以百万计……一旦雨雪降临，每一个水坑都会变成一洼可以致死的药水”。

施药行动后没几天，底特律奥杜邦协会便开始接到有关鸟类的电话求救。据协会秘书安·博伊斯女士回忆，“最早表明人们开始担忧喷药后果的迹象是我在星期天早上接到的一位女士来电，她报告说在她从教堂回家的路上，看到了数量惊人的已死和垂死的鸟儿。那里的喷洒是在星期四进行的，她说该地区从此再也没有见过鸟儿在飞，说她在自家后院发现过至少 12 只死鸟，还说邻居家发现过死掉的松鼠”。那一天，博伊斯女士接到的所有电话都报告说“有大量死鸟，没看到一只活着的……负责维护喂鸟器的人员称，喂鸟器附近根本没有鸟儿”。被捡到的垂死状态下的鸟儿均显示出典型的杀虫剂中毒症状——浑身颤抖、失去飞行能力、瘫痪、抽搐，等等。

立刻受到影响的生物并非只有鸟类。当地一名兽医报告说，他的办公室挤满了求医者，他们的猫和狗都是突然病倒的。猫似乎是受害最重的，大概因为它们一向喜欢仔细梳理自己皮毛和舔舐自己爪子，它们的病症表现为严重腹泻、呕吐及抽搐。该兽医能给求医者的唯一忠告就是，如非必要尽量不要让动物外出，一旦它们溜出去了，必须立刻清洗它们的爪子。（但是氯化烃类农药即使是在水果和蔬菜上也不可能清洗干净，因此这一措施所能提供的保护非常有限。）

尽管城镇卫生专员坚持称，鸟类一定是死于“其他某种药物喷洒”，并称此次大面积接触艾氏剂之后随即暴发的大量喉咙及胸部刺激的病例也一定是由于“别的什么原因”，然而当地卫生部门收到的投诉却始终没有中断过。底特律一位知名内科医生受邀为四名患者诊治，他们都是因观看飞机喷药而接触到了杀虫剂，并且都是不到一小时便发病的。几个人的症状也很相似：恶心、呕吐、打寒战、发烧、极度疲劳，还有咳嗽。

由于不断有人施压，要求使用化学药物对抗日本金龟子，于是，底特律的这一经历在其他许多地区都在不断重复。在伊利诺伊州的兰岛同样发现过几百只死亡和垂死的鸟儿；从专门给鸟类绑系鸟腿识别环的人员收集的数据看，80% 的鸣禽都已成牺牲品。1959 年，伊利诺伊州的乔利埃特有三千余亩的土地被施用了七氯；根据当地一家户外俱乐部的报告，施药地区内鸟类“几近灭绝”；死亡的兔子、麝香鼠、袋鼠和鱼类同样不计其数，当地一所学校还将收集杀虫剂中毒的鸟类做成了一项科学活动。

大概没有哪个地区为了创造一个无甲虫世界而受的苦难超过伊利诺伊州东部的谢尔登以及易洛魁镇附近地区了。1954 年，美国农业部和伊利诺伊州农业部沿着甲虫侵入伊利诺伊州的路线，开展一场根除日本甲虫的运动，各方都希望并坚信，如此密集地喷药，定能将入侵的昆虫尽数摧毁。首次“根除”行动进行的那一年便从空中对一千四百英亩的土地喷洒了狄氏剂。1955 年，又有两千六百英亩的土地以同样方式施药，至此，任务被认为大致算是完成了。可是结果呢，越来越多的地区被呼吁需要进行化学处理，截至 1961 年底，大约十三万一千英亩的土地被喷洒了化学药物。就在执行该行动的第一年里，已经有明显的野生动物及家畜遭受严重毒害的事件发生；可是尽管如此，化学处理仍在继续，没有与美国鱼类及野生动物管理局或者伊利诺伊州狩猎活动管理处等任何机构进行过磋商。（倒是在 1960 年的春天，联邦农业部的官员还曾在国会委员会面前公开反对一项议案，而该议案只不过要求事先应该进行此类磋商。他们轻描淡写地宣布，此议案完全没有必要，因为合作和磋商"一如既往"地进行着。这些官员看来完全回想不起"华府级别"的情报中种种不合作的事态。同时他们还在会上清楚地表达了不愿与州渔猎部门磋商的想法。）

尽管用于化学防治的资金源源不断，可是试图对野生生物所受伤害进行评估的伊利诺伊州自然历史调查所的生物学家们的活动资金却是捉襟见肘：1954 年仅有 1100 美元的资金用于雇用一名野外助手，到了 1955 年则干脆没有这笔专款了。尽管身陷如此窘境，生物学家们还是收集了大量事实，并将它们综合起来，描绘出了野生生物遭受的史无前例的灭顶之灾——这场灾难从该计划刚刚付诸行动就已凸显无疑。

当时的状况简直就是为毒杀那些食虫鸟类量身定做的，无论是从选用的毒剂来看，还是从施药计划启动后的系列事件来看。在谢尔登的先期计划中，狄氏剂的施用比例是每英亩三磅。为了搞懂狄氏剂对鸟类的影响，您只需回顾一下实验室里曾对鹌鹑做过的实验即可，当时狄氏剂被证实毒性为 DDT 的五十倍。也就是说，喷洒在谢尔登这块土地上的狄氏剂大约相当于每英亩一百五十磅 DDT！而这还只是最低值，因为农田的边沿及拐角处难免会有交叉重叠的施药。

随着农药渗入土壤，中毒的甲虫幼虫陆续爬上了地面，因为它们过段时间后才会死亡，这样就吸引了那些食虫鸟类。在施药后两周左右，死亡和垂死的各类昆虫已经是随处可见，这对鸟类种群有何影响自然可想而知了。褐色长尾莺、八哥、草地百灵、白头翁和野鸡几近灭绝；知更鸟，据生物学家报告称，"几乎绝迹了"。一场细雨过后，死亡的蚯蚓随处可见，知更鸟大概就是吃了这些中毒的蚯蚓。对其他鸟类而言也一样，曾经有益的雨水，拜毒药的邪恶力量所赐，如今已变成了死亡药剂。喷药几天后在雨水坑里喝过水或者浸湿过的鸟儿必然是劫数难逃。

就算侥幸活了下来，鸟儿恐怕也从此不育了。虽说在喷药区也发现过几处鸟窝，个别的也有鸟蛋，不过没有一个能孵出幼鸟。

哺乳动物中，田鼠几乎被全歼，尸体被发现时，各个都呈现出典型的中毒暴死的特征。喷药区还发现了死亡的麝香鼠，田野里还有死兔子。狐鼠在城镇区是比较常见的动物，但在喷药后就此消失了。

杀甲虫大战发动后，谢尔登地区还能有幸见到哪怕一只猫光顾的农场也是凤毛麟角了。仅在喷药后的第一季度里，所有农场里90%的猫就已经成了狄氏剂的牺牲品。想想这些毒药在其他地区的黑历史，这一切大概不难预测。猫对各类杀虫剂都极为敏感，而对狄氏剂似乎更是如此。世界卫生组织开展抗疟疾运动期间，爪哇岛西部就曾有过猫大量死亡的报道，而爪哇岛中部地区死得更多，以至于猫的价格涨了一倍还多。同样，在委内瑞拉喷药期间，有报道称世界卫生组织已成功地使猫成了珍稀动物。

在谢尔登这场针对昆虫发动的战役中成为牺牲品的可不只是野生生物和家畜，对几组羊群及牛群所做的观察表明，中毒和死亡也威胁到了家畜。下面便是自然历史调查所的报告中描述的其中一个事件：

> 羊群从五月六日喷过狄氏剂的牧场被带走，穿过一条碎石路，进入了一个未喷药的牧草优良的小型牧场。显然，部分喷剂从路对面飘了进来，因为羊群几乎立刻出现了中毒症状……它们失去了食欲，表现出极度的不安，沿着牧场的篱笆转了一圈又一圈，显然是在寻找出口……它们拒绝被驱赶，几乎一刻不停地咩咩狂叫，耷拉着脑袋站着；最后，它们被带离了那块牧场……它们表现得极度口渴，其中两头绵

羊在穿过牧场的小溪时被发现死亡，其余的绵羊不得不被多次驱赶才离开溪水，还有几头是被强行拉走的。最终，另有三头绵羊死亡，其余活下来的从外观上看算是恢复了。

这仅是1955年年底的状况；虽然这场化学战争此后又持续了多年，可是研究经费的涓涓细流至此已经彻底干涸了。进行野生生物与杀虫剂的关联性研究的经费申请每年都由自然历史调查所作为预算报请伊利诺伊州立法机关审核，不过无一例外地沦为第一批被否决的项目。直到1960年，总算设法弄到了一点钱，支付了一位野外工作助手的费用开支，他一个人干了需要四个人才能完成的工作。

当这些生物学家终于恢复了1955年被迫中断的研究时，野生生物的凄惨画面几乎没有什么变化。而此时，药物已经变成了毒性更强的艾氏剂——其毒性在鹌鹑实验中显示为DDT的一百到三百倍。截至1960年，已知在该地区栖居的每一个野生哺乳动物的种群都已遭受重创。鸟类则更惨：在多诺万这个小镇里，知更鸟已经绝迹，白头翁、八哥和褐色长尾莺也一样；在别处，这些鸟及其他许多鸟类都有大幅减少。野鸡猎人对此次甲虫战役的后果感受极为深切：在喷药区，野鸡的孵窝数锐减了百分之五十左右，且每一窝的仔鸡数也在减少。前些年在这些地区一向收入可观的猎鸡业，如今却因得不到回报而几乎被弃。

尽管在根除日本甲虫的名义下造成了如此巨大的一场浩劫，尽管易洛魁县历经八年抗战，喷药面积多达十万余英亩，结果却似乎只是暂时镇压了这种昆虫，很快它们又继续开始了西进运动。这一代价高昂却收效甚微的项目究竟造成了多大损失，恐怕其真实程度永远都不得而知了，因为伊利诺伊州的生物学家们所测定的结果只是最小值而已——假如该项研究经费足够充足，调查范围可以覆盖全区的话，那么所揭示的破坏程度可能会更加骇人听闻。然而，在整个昆虫防控计划实施的八年时间里，为生物学实地研究提供的经费仅有区区六千美元；而与此同时，联邦政府却拿出了三十七万五千美元用于防控工作，还不算州级政府又额外支付的数千美元。就是说，用于生物研究的经费不过只有喷药项目总支出的一个零头，即1%而已。

中西部各州的这些杀虫计划是在一种充满危机感的情绪中进行的，就好像甲虫的蔓延真的造成了极端危险的局面，以至于有理由不择手段地应对似的。当然，这只是歪曲事实而已，那些被化学农药淋湿却只能默默容忍的人们若是熟悉这种日本甲虫在美国的早期历史的话，他们当然就不会这么听之任之了。

东部各州就幸运多了，它们是在合成杀虫剂发明之前就遭受了甲虫的入侵，因此，它们不仅治理了虫灾，而且是采用完全不会危害其他生物的手段将这一昆虫制伏的。在东部没有任何地方像底特律或谢尔登那样喷洒过化学药剂；那里采用的手段之所以有效，是因为它们运用了自然控制的力量，这样做既一劳永逸，又利于环境安全，拥有诸多优点。

日本甲虫进入美国的最初十几年里，因为摆脱了本土环境内的天敌控制而迅速增长。但是到1945年时，它在大部分已侵入的地区里都不过是种无足轻重的害虫了，而这一衰减主要就是从远东引进寄生性昆虫，同时植入致命病菌体的结果。

1920年到1933年间，在日本甲虫的原生地经过彻底而不懈的搜索，共有三十四种捕食类及寄生类的昆虫从东亚引进而来，以期建立对日本甲虫的自然控制机制。这其中，有五种已成功在美国东部定居。最有效且分布最广的是一种来自朝鲜和中国的寄生性黄蜂，名曰“春臀钩土蜂”。当雌性钩土蜂在土壤里找到一只甲虫幼体时，会给它注入一种使其麻痹的液体，并将一枚蜂卵产在其表皮下面。蜂卵孵出幼体后，这只黄蜂幼虫便以被麻痹的甲虫幼体为食，直到把它吃光。约二十五年间，通过各州及联邦机构间的合作计划，钩土蜂的这种“殖民地”被成功引入东部十四个州，黄蜂在这个区域广泛定居下来，它在控制甲虫方面的重要作用也得到了昆虫学家的普遍信任。

更为重要的角色还是由一种病原细菌扮演的，这种细菌可以侵染日本甲虫所属的科——金龟子科的所有甲虫。这是一种具有高度特异性的细菌微生物，绝不攻击其他类型的昆虫，对蚯蚓、温血动物和植物都无害。这种病菌的孢子存在于土壤之中，当觅食的甲虫幼体将其吞食后，这些孢子就会在幼虫的血液中大量繁殖，致使幼虫的虫体变成异常的白色，由此而俗称“乳化病”。

乳化病是 1933 年于新泽西发现的，到 1938 年时已经在日本甲虫原本横行成灾的区域相当普及了。1939 年又专门发起了一项防控计划，旨在加速该病的蔓延。当时虽未研制出通过人工介质培育该病原细菌的办法，好在设计出了一套还算满意的替代方案——将感染该细菌的甲虫幼体碾碎、烘干，再与白土混合。按标准，每克粉末中应含有一亿个病菌孢子。从 1939 年到 1953 年间，通过联邦与各州的合作计划，东部十四个州约九万四千英亩的土地施用了这种粉末，其他联邦土地也进行了处理，另有具体数字不明但面积广阔的土地则由私人组织或个人自行处理。截至 1945 年，乳化病在康涅狄格、纽约、新泽西、特拉华和马里兰州的甲虫种群中已成燎原之势。在某些实验区域内，甲虫幼体的感染率已经高达 94%。1953 年，菌粉配送项目作为一项政府事业正式中止，但病菌粉末的生产由一家私人实验室接管，以继续供应给个人、园艺俱乐部、市民协会，以及其他需要控制甲虫的人。

实施该项目的东部区域如今对这种甲虫已经获得高度的自然保护能力，因为这种病菌微生物能在土壤中存活多年，可以说实际上已经永久定植下来，且效力不断提高，并通过自然的媒介不断得以扩散。

那么，既然东部已有如此骄人的战绩，为什么同样的措施就不能在伊利诺伊州或者其他中西部各州加以尝试，却非要针对小小甲虫如此狂暴地发动这场化学战呢？

我们被告知，接种乳化病病菌孢子“成本太高”，而早在 40 年代，东部十四个州也没有一个人看出这一点。再说，这个“成本太高”的结论是运用什么样的会计方法计算而得呢？可以肯定的是，跟评定谢尔登喷药计划造成的全面破坏之真实成本所运用的计算方法显然不同。而且，这一结论还无视了一个事实，即接种病菌孢子只需进行一次——第一笔成本也即唯一成本。

我们还被告知，乳化病的病菌孢子不能用于甲虫分布区的外围区域，因为它只有在土壤中已经存在大量甲虫幼体的地区才能定植下来。这一说法同其他赞成喷药的诸多说法一样，也有待商榷。现已发现引起乳化病的细菌可以传染至少四十余种甲虫。这些甲虫分布很广泛，即使是在日本甲虫数量极少甚至完全不存在的地方，也完全可能传播这种疾病。况且，鉴于这种孢子在土壤里能够长期保持活性，那么即使在甲虫幼体完全不存在的情况下——比如在目前甲虫分布区的外围地带，也完全可以先行植入，等候甲虫的入侵。

毫无疑问，那些不计代价、只求立竿见影的人会继续使用化学药物对付甲虫。还有那些拥护内在陈旧策略[①]这种现代趋势的人也一样，因为化学防治是一个擅于永久自保的行业，需要频繁而昂贵的重复投入才能确保它的永存。

反过来，那些为获取完满效果宁愿多等待一季或两季的人就会转而求助于乳化病，而他们得到的回报是持久的控制效果，而且随着时间的流逝，这种效果将不弱反强。

位于伊利诺伊州皮奥瑞亚市的美国农业署的实验室正在进行一项范围广泛的研究项目，以期找到一种人工培育乳化病病原细菌的方法。这将大大降低成本，并有利于促进它的更广泛应用。经过多年的努力，如今已有一些成果报道。当这一“突破”彻底实现时，或许在我们对付日本甲虫的时候总该恢复那么一点点理智和洞察力了——毕竟，就算在它们最猖獗的时期，也不足以给我们充分的理由，去采取

① 陈旧策略：也称计划陈旧、计划报废、计划淘汰（built-in obsolescence / planned obsolescence）。这是工业生产的一种策略，即有意设计使用寿命有限的产品，令其在一定时间内报废，以迫使消费者淘汰并继续购买后续产品。

中西部各州那些噩梦般的荒唐暴行吧。

类似伊利诺伊州东部的喷药事件给我们提出的已不仅是科学层面的问题，而且也是一个道义的问题。这个问题就是，一种文明是否可以对生命发动无情的战争而又不会摧毁自己，也不会丧失被称作“文明”的资格。

这些杀虫剂并非专杀性毒药，它们是不会把我们希望铲除的那个物种单独挑拣出来的。每一种杀虫剂的选用都是因为一个简单的原因，即，那是一种致死的毒药。就是说，它会毒害与之接触的所有生命：全家人喜爱的猫咪、农民的耕牛、野外的兔子和空中的云雀。这些生命是无辜的，也从未给人类带来任何伤害；事实上，恰恰是因为这些生物及其伙伴们的存在，才使人类的生活更加美好。然而，人类给它们的回报却是死亡——突如其来的、令人发指的死亡。谢尔登的科学观察员曾描述过一只百灵鸟临死前的症状：“尽管它失去了肌肉的协调能力，无法飞起，也无法站立，可它还是不停地拍打着翅膀，紧紧地握着爪子。它的嘴大张着，吃力地呼吸着。”更为可怜的还是死亡的田鼠无声的控诉，它们“展示出典型的濒临死亡的姿势：弓起后背，前腿紧缩在胸前，爪子紧紧地扣着……它们的头和脖子向外伸着，嘴里满是泥土，看得出，这些小动物在濒临死亡时一直在啃噬着地面”。

人类的行径让一个个活生生的生命遭受如此痛苦，而我们居然听之任之，有谁敢说，我们没有因此而愧为人类？

第八章　没有鸟儿歌唱

在美国，越来越多的地区如今已经没有鸟儿飞来报春了，曾经到处充满鸟儿欢歌的清晨，如今却是静得出奇。鸟儿的歌声突然沉寂，它们带给我们这个世界的色彩、美丽和乐趣被全部抹去，这一切都是突然之间悄然而至的，若你那里尚未被波及，大概你根本不会注意。

绝望之中，一位家庭主妇从伊利诺伊州的欣斯代尔镇写信给世界知名的鸟类学家之一、美国自然历史博物馆鸟类馆名誉馆长罗伯特·库什曼·墨菲：

> 在我们这个村子里，榆树已经被喷药多年（此信写于1958年）。六年前，我们刚刚迁居到这里时，鸟儿多得是。我挂起了一只喂鸟器，整个冬天不停地有红雀、山雀、毛茸茸的雏鸟和五子雀从这里飞过；夏天，红雀和山雀又带着它们的幼鸟飞来。
>
> 喷了几年DDT后，镇上的知更鸟和八哥就完全不见了，在我的喂鸟架上已经有两年没见过山雀了，今年红雀也不见了；整个附近地区似乎只剩一对鸽子和一窝猫鹊在这儿筑巢了。

怎么才能跟孩子们解释那些鸟儿都被杀光了呢？毕竟他们在学校里听到的说法是联邦法律保护鸟类不被捕杀的。他们问我："它们还会回来吗？"我也无法作答。榆树正在死去，鸟儿也一样。有人正在想办法吗？有什么办法可想吗？我能做些什么吗？

联邦政府针对火蚁发动的大面积喷药计划执行一年后，亚拉巴马州的一位妇女写道："大半个世纪以来，我们这里一直都是真正的鸟类天堂。去年七月我们还都在说'这儿的鸟儿比以前多了嘛'。可是突然之间，就在八月的第二周里，所有的鸟儿全都不见了。我习惯每天早起去照料我心爱的母马，她刚刚生了一头小马驹。可是，外面没有一声鸟叫，好怪异，好恐怖。人们对我们这个美好的世界做了些什么？一直到五个月后，总算看到了一只蓝松鸦，还有一只鹪鹩。"

她所指的那个秋日的数月之中，我们读到了来自深南[①]的多份令人忧郁的报告，由全国奥杜邦协会和美国鱼类及野生动物管理局联合主办的季刊《田野笔记》提到了一种惊人的现象，在密西西比州、路易斯安那州和亚拉巴马州，居然有"完全的空白点，古怪得几乎没有任何鸟类"。《野外纪事》是一份调查报告集刊，撰稿人均为经验丰富的观察员，他们在各自的区域内进行多年的野外观察，对其所在地区正常鸟类生活拥有着无人能及的丰富知识。其中一位观察员报告说，那年秋天，她在密西西比州南部地区驾车一路行驶，却"很远很远都看不到一只鸟儿"。另外一位驻巴吞鲁日的观察员报告说，她放在喂鸟器里的食物"连续数周始终没有鸟儿来动过"，院子里那些低矮的浆果树通常到这个时候早已被吃得一粒不剩了，可是现在却还果实累累。还有一份报告称，他的取景窗"过去框出的画面里，常常满眼尽是各种鸟类，还点缀着四五十只红雀的斑驳红色，如今却已很难给他

① 深南：美国最南部地区、南方腹地，包括南卡罗来纳、佐治亚、亚拉巴马、密西西比及路易斯安那五个州。

个机会，让他能一次看到哪怕一只或者两只鸟儿”。西弗吉尼亚大学教授莫里斯·布鲁克斯是阿巴拉契亚地区鸟类学的权威，他报告称，“西弗吉尼亚地区鸟类数量的减少是令人难以置信的”。

有一则故事足以象征鸟类的悲惨命运，这种命运已然降临在某些种类头上，其他鸟儿则面临着它的威胁。这是关于知更鸟的故事，这种鸟是众所周知的，对于千百万美国人而言，第一只知更鸟的出现意味着严冬算是摆脱了。它的到来是要登报的大事件，也是餐桌上人们热切相告的重大消息。随着这种候鸟数量渐多，森林里也开始绿意盎然，每日的晨曦之中，千千万万的人聆听着知更鸟拨动心弦的第一曲和声。然而现在一切都变了，就连鸟儿的返回也不再是理所当然的事情了。

知更鸟的生存——其实是许多鸟类物种的生存，似乎都跟美国榆树休戚相关。从大西洋岸到落基山脉，老榆树见证了多少城镇的历史，它们那庄严的绿色拱门，给多少街道、广场和校园带来了无限魅力和优雅。而今，榆树却突发疾病，全部的榆树生长区都已深受其扰；许多专家认定，这种病太过严重，无论如何努力挽救，最终都将无济于事。失去榆树固然是个悲剧，可是如果我们在挽救榆树的徒劳努力中，同时又把大部分的鸟类种群抛进灭绝的深渊，那将是双重的悲剧。而这恰恰就是我们面临的威胁。

所谓的荷兰榆树病是在1930年左右从欧洲传入美国的，病源来自为装饰板材工业而进口的榆树圆木段。它是一种真菌类疾病，病菌首先侵入树木的输水导管中，其孢子便随着树木汁液的流动而扩散，同时凭借其自身分泌的毒液产生淤塞作用，导致树木的枝条枯萎，并最终让树木死亡。该病通过一种榆树皮甲虫做媒介，从生病的树传播到健康的树上。这种甲虫会在死树的树皮下打凿通道，而该通道会被病菌孢子侵入，这些孢子会附着在甲虫的身体上，从而被带到它们飞去的任何地方。目前，为控制榆树的真菌传染病所做的努力基本上都是指向病菌携毒者——甲虫的。于是，全国上下各区县，尤其是在榆树的老家——中西部及新英格兰地区，大面积喷药已成常态。

如此喷药对鸟类的生命，尤其是对知更鸟而言究竟意味着什么呢？首度清晰阐明这个问题的是密歇根州立大学的鸟类学家乔治·华莱士教授和他的一个研究生约翰·麦纳。麦纳先生1954年开始做博士论文时，选择了一个跟知更鸟种群有关的研究课题。这其实只是个巧合，因为当时没有任何人察觉到知更鸟已处在危险之中。可是，就在他的研究工作刚刚起步时，一系列的事件便发生了，这些事注定改变了此项研究的性质，事实上也剥夺了他的研究对象。

荷兰榆树病的喷药行动最早始于1954年，当时仅在一所大学校园内小规模进行。第二年，由校园喷药范围扩大至整个东兰辛市（该大学所在地）；加上已有的针对吉卜赛毒蛾及蚊子的防控项目，化学药物的喷洒已经到了倾盆而下的地步。

1954年首次少量喷洒时，一切似乎还好，第二年春天，迁徙的知更鸟又像往年一样回到了校园。它们就像汤姆林逊那篇萦绕于心的散文《失去的森林》里面的风信子一样，重返自己熟悉的地盘，“根本没有料到灾祸已至”。可是显然没过多久，问题就出现了：校园里开始出现死亡和垂死的知更鸟，很难看到正常觅食或者群集栖息的鸟儿，实际上也很难看到鸟儿筑建新窝，也几乎看不到幼鸟。接下来的几个春天，同样的情况反复再现。喷过药的区域成了死亡陷阱，每一批迁徙来的知更鸟不出一周就会被彻底灭绝。下一批鸟又飞过来，却徒增死亡的数目而已，校园里随处可见惨遭厄运的鸟儿临死前痛苦的战栗。

华莱士教授说：“对于大部分试图在春天来此校园定居的知更鸟而言，这里简直成了它们的墓地。”可是为什么呢？起初他怀疑是某种神经系统的疾病，可是很快一切便明朗起来，“尽管喷药者一再保证他们的喷剂‘对鸟类无害’，可是那些知更鸟确实是死于杀虫剂中毒，它们死前均表现出典型症状——先是失去平衡，然后是颤抖、抽搐，最后死亡。”

种种事实表明，知更鸟死于中毒，不过不是因直接接触杀虫剂，而是因为吃了蚯蚓而间接中毒。在一个研究项目中，蝼蛄被无意中喂食了校园里的蚯蚓，结果所有的蝼蛄都随即死掉了。实验室笼子里养的一条蛇被喂食了这种蚯蚓后也开始剧烈颤抖。值得注意的是，在春天里，蚯蚓是知更鸟的主要食物。

惨遭厄运的知更鸟死亡之谜的关键证据很快被位于乌尔班纳的伊利诺伊州自然历史调查所的罗伊·巴克博士找到了。巴克博士在其1958年发表的著作中对这一错综复杂的环链进行了追踪溯源——知更鸟的厄运如何通过蚯蚓而与榆树相连。春天，榆树会被喷一次药（通常的剂量是每五十英尺的树木施用二到五磅的DDT，如果在榆树茂密的地区，大概相当于每英亩23磅），7月份通常还会再喷一次，浓度约为春天的一半。哪怕最高的树木，强力喷雾器也能将毒药全部覆盖，这样不仅杀掉了目标昆虫——榆树皮甲虫，也杀掉了其他昆虫，包括授粉类的昆虫以及捕食性的蜘蛛和甲虫。毒药在叶子和树皮上形成一层黏着力很强的薄膜，雨水也冲刷不掉。秋天，树叶落到地面，一层层地堆积，在潮湿环境下开始慢慢地与土壤合而为一。在此过程中，它们得到了蚯蚓的协助，蚯蚓吃掉了叶子的碎屑，因为榆树叶是它们最爱的食物之一。于是，在享用落叶美食的同时，蚯蚓也吞食了杀虫剂，并在自己体内累积、浓缩。

巴克博士在蚯蚓的消化道、血管、神经和体壁中均测出了DDT的沉积物。毫无疑问，有些蚯蚓会抗不住毒性，不过也有活下来的，于是便成了毒药的"生物放大器"。春天知更鸟回来后，给这个环链又添了一环。只需11条长蚯蚓即可将致死剂量的DDT传给1只知更鸟；而1只鸟儿吃掉10到12条蚯蚓不过就是十几分钟的事，这11条蚯蚓只是它每日食量的一小部分而已。

倒也不是所有的知更鸟都会摄入致死剂量，但是另外一种后果则确定无疑可以导致该鸟种的灭绝：不育的阴影笼罩着所有的鸟儿，实际上其潜在威胁已经波及了所有生物。每年春天，在整个密歇根州立大学 185 英亩的校园内只能看到二三十只知更鸟，而在喷药前，这里保守估计也得有 370 只成鸟。1954 年，处于麦纳观察下的每个知更鸟巢都有幼鸟孵出，可是 1957 年直到 6 月底，他也只看到 1 只新生知更鸟；而在喷药前的那些年里，6 月份应该有至少 370 只幼鸟（通常与成鸟数量相当）在校园里觅食了。而一年后，华莱士博士报告说："今年（即 1958 年）整个春天和夏天，我在整个校区都没有看到 1 只羽翼未丰的雏鸟，而且截至目前，我也没听说有谁见过哪怕 1 只知更鸟。"

当然，没有幼鸟出生的部分原因可能是，在筑巢过程完成之前，知更鸟爱侣中已有 1 只丧命甚至双双落难。但是，华莱士已有相当多的记录指向了更加凶险的原因——鸟类的生殖能力实际上已遭破坏。比如，他记录到"知更鸟及其他鸟类筑好了巢但是没有生出鸟蛋，有的虽然生了蛋，也趴在鸟窝里孵化了，但却没有孵出雏鸟来。我们曾记录过 1 只知更鸟老老实实地伏窝 21 天，却还是没能孵出幼鸟，而正常的孵化期只有 13 天……我们的分析结果表明，在这些正处繁殖期的鸟儿的精巢和卵巢内都有高浓度的 DDT（这段话是他在 1960 年对国会委员会的一段陈述）。10 只雄鸟的精巢内 DDT 含量在百万分之三十到一百零九之间，两只雌鸟卵巢的卵泡内的 DDT 含量为百万分之一百五十一到二百一十一"。

很快，其他地区的研究项目也开始得出同样令人沮丧的调查结果。威斯康星大学的约瑟夫·希基教授和他的学生们经过对喷药区和未喷药区的仔细对比研究，报告说知更鸟的死亡率至少达 86% 到 88%。位于密歇根州布隆菲尔德山的克兰布鲁克科学研究所为了评估榆树喷药所造成的鸟类伤亡的程度，曾于 1956 年提议，把所有疑似死于 DDT 中毒的鸟儿都送交该研究所进行化验分析。结果这一请求得到了远超预期的回应：不到数周，该研究院长期闲置的设备已被超负荷运转，以至于再送来的测试样本只好拒收。到 1959 年，仅这一区域的居民就已经送交或呈报了一千只中毒的鸟儿；其中主要受害者虽为知更鸟（有一位打入电话的妇女报告说，就在她打电话的时候，又有十二只知更鸟在她家的草坪上死去了），不过收检样本中共囊括了六十三种不同的鸟类物种。

就是说，知更鸟还只是与榆树喷药直接相关的死亡环链上的一环而已，而榆树喷药计划也不过是众多喷药计划中的一个罢了，这些喷药计划已将各式各样的毒药洒遍我们的国土。大约九十种鸟类都已经出现高死亡率，其中不乏郊区居民和业余自然爱好者最熟知的品种。在某些喷药城镇，筑巢的鸟儿数量下降了 90% 之多。我们将会看到，所有种类的鸟儿都在劫难逃——地面觅食的、树梢觅食的、树皮上觅食的，以及捕食类猛禽。

唯一合理的推测就是，所有依赖蚯蚓及其他土壤生物为食的鸟类及哺乳动物都会同样面临知更鸟的命运。大约四十五种鸟儿都以蚯蚓为食。山鹬就是其中的一种，这种鸟在南方过冬，而那里刚刚喷洒过大量七氯。关于这种山鹬目前已有两大重要发现：其一，新不伦瑞克繁殖基地的幼鸟数量已明显下降；其二，成鸟经过分析，体内均含有大量 DDT 和七氯残毒。

已有令人不安的记载表明，超过二十种地面觅食的鸟儿已经大量死亡，而它们的食物——包括蠕虫、蚂蚁、蛆虫或其他土壤生物均已中毒。这些鸟儿包括三种画眉——橄榄背、木画眉和隐君子，它们的歌声是所有鸟类中最精妙绝伦的。还有那些麻雀——包括歌雀和白喉莺，它们在森林的灌木丛和下层植被中窸窣而行，在落叶中觅食时会沙沙作响，而今，它们也都成了榆树喷药的受害者。

哺乳动物也会轻易被直接或间接地卷入这个死亡链条。比如，蚯蚓是浣熊的多种食物中的最爱，也是负鼠在春秋两季的主要食物。鼩鼱和鼹鼠之类的地下穴居动物也会捕食一些蚯蚓，然后又会把毒物传给像鸣枭及仓房枭之类的猛禽。在威斯康星州，一场大雨过后，有人捡到了几只奄奄一息的鸣枭，疑似因误食了蚯蚓而中毒。多次有人发现老鹰和猫头鹰处于抽搐状态，其中包括长角猫头鹰、鸣枭、红肩鹰、食雀鹰、沼地鹰。这些均属二次中毒的病例，病因就是捕食的鸟类或鼠类的肝脏及其他器官中含有沉积杀虫剂。

因榆树喷药而濒临危险的还不单单是地面觅食的生物或者它们的猎食者。所有的树冠觅食者——即从树叶上获取昆虫为食的鸟类也从大量喷药的地区消失不见了，其中包括森林里的精灵王子——红冠鹪鹩和金冠鹪鹩，小巧的食虫鸟，还有多种鸣鸟，它们的迁徙群每年春天从林中飞过，仿佛五彩斑斓的潮水一般。1956 年的春天来得略晚，导致喷药时间也被推迟，这样就刚好跟大批鸣鸟的迁徙高峰赶在了一起，结果几乎所有出现在那个地区的鸣鸟品种全部在随后发生的大灭绝中殉难。在威斯康星州的白鱼湾，前些年里每到迁徙季至少能看到一千只山桃啭鸟，而在 1958 年对榆树喷药后，观察员只看到过两只。随着其他地区鸟儿死亡数据的不断传来，这个名单还在逐渐加长，死于喷药的鸣禽中，不乏那些最具魅力、最令人着迷的种类，包括黑白莺、金翅雀、木兰鸟和五月蓬鸟、叫声令五月的林间颤动的灶鸟、翅膀如火焰般绚烂的黑焦鸟，还有栗色鸟、加拿大鸟、黑喉绿鸟。这些树冠觅食的鸟类都受到影响，或因直接食用中毒昆虫，或因食物短缺而间接受害。

食物来源的丧失也给空中翱翔的燕子带来了重创，它们拼命找寻着空中的飞虫，就如同青鱼在大海里拼命搜寻浮游生物一样。威斯康星州的一位博物学家报告说："燕子遭受了重创。人人都在抱怨同四五年前相比，现在的燕子实在是太少了。仅在四年前，我们头顶的天空中还满是燕子飞舞，而今却难得见到一只……这可能是因为喷药导致的昆虫减少，也可能是因为食用了中毒的昆虫。"

这位观察员还写到了其他鸟类："另外一个遭受惊人损失的鸟类是菲比霸鹟。霸鹟确实处处都很稀有，不过早前这种强壮的普通菲比霸鹟并不罕见。可是今年春天我只见到了一只，去年春天也是。威斯康星州的其他养鸟人也有同样的抱怨。过去我养过五六对红雀，现在却一只也没有了。鹪鹩、知更鸟、猫声鸟和鸣枭每年都在我的花园里筑巢，现在同样也是一只不剩。夏日的清晨没有了鸟儿的歌声，现在只剩下害鸟、鸽子、燕八哥和英格兰家雀了。这样的悲剧，我无法接受。”

秋天对榆树的定期喷药使毒药进入了树皮中的每个小缝隙，这大概是山雀、五子雀、花雀、啄木鸟以及褐啄木鸟数量急剧减少的罪魁祸首。1957—1958 年的冬季，华莱士博士在自己家的喂鸟站里没有看到一只山雀或五子雀，这情形多年以来还是头一次出现。后来发现的三只五子雀足以说明一连串令人痛心的因果关系：一只正在榆树上啄食，另外一只被发现时已是奄奄一息，可以明显看出 DDT 的中毒症状，第三只已经死亡。后来经检测，那只垂死的五子雀体内组织中 DDT 浓度为百万分之二百二十六。

所有这些鸟类的捕食习惯不仅使他们特别容易遭受杀虫喷剂的伤害，而且也使它们的死亡令人惋惜，无论是从经济角度，还是从其他不易察觉的方面来看。比如，白胸五子雀和褐啄木鸟的夏季食物包括大量树木害虫的卵、幼虫及成虫。山雀有四分之三的食物是动物类，包括处于各个生长阶段的多种昆虫。山雀的捕食方法在本特那部描写北美鸟类的不朽名著《生命历史》中就有述及：“鸟群一路飞来，每一只鸟都在仔仔细细地搜查着树皮、细枝和树干，绝不放过一丁点食物（包括蜘蛛卵、蚕茧，或者其他正在冬眠的昆虫）。”

多项科学研究均已证实在各种情况下鸟类在控制昆虫方面起到的关键作用。比如，啄木鸟是防控恩格曼针枞树甲虫的主要手段，可以将其数量减少 45% 到 98%，而且在控制苹果园里的苹果卷叶蛾方面也是至关重要。山雀和其他一些冬季不迁徙的鸟类可以保护果园免受尺蠖之害。

可是，在这个现代的、化学药物泛滥的世界里，自然界的这一切神奇作用都不可能发生了，因为喷药不仅摧毁了昆虫，同时也杀掉了它们的主要敌人——鸟类。那么，等到以后昆虫又卷土重来——这种情况几乎总是会发生的，到时候就再也没有鸟类可以控制昆虫数量的增长了。欧文·J. 格罗米在担任密尔沃基公共博物馆鸟类馆馆长期间，曾为《密尔沃基日报》撰稿称："昆虫的最大天敌是上一级捕食性昆虫、鸟类和某些小哺乳动物，可是DDT却一律通杀，这其中也包括自然界自己的卫士和警察……我们非要打着发展的旗号，最终让自己也成为我们控制昆虫的恶魔行径的受害者吗？就为了图一时之快，结果却最终输在了自己的灭虫行为上。如今，自然界的卫士们（鸟类）都已经被毒药除掉了，我们还能用什么手段去控制新的害虫？榆树死光后，它们还会去攻击别的树种。"

格罗米先生报告说，自从威斯康星州开始喷药以来，有关鸟类死亡或垂死的电话和信件几年来一直与日俱增。经过询问，总是发现在鸟类死亡区曾进行过药物喷洒或者雾化。

对于格罗米先生的体会，其他鸟类学家及环保人士也都深有同感，他们来自中西部地区各大研究中心，如密歇根州的克兰布鲁克科学研究所、伊利诺伊州自然历史调查所，还有威斯康星大学。随便瞥一眼各喷药地区的报纸上读者来信这一专栏，事实便一目了然：各地居民不仅已经觉醒和备感愤怒，而且他们对喷药的危害和矛盾后果的理解远比那些下令喷药的官员要深刻得多。比如，密尔沃基的一位妇女写道："我真害怕用不了多久，我们后院那么多美丽的鸟儿就会在挣扎中死去。这将是多么可怜、令人心碎的景象……而且也令人绝望、愤慨不已，因为很显然，如此大肆杀戮却根本没有达到预期目的……往长远处看，你能够置鸟儿于不顾而保护树木吗？在自然界的机制中，它们难道不是相互依存的吗？能不能帮助大自然实现平衡，而不是去破坏它？"

其他的信件中则表达了这样的想法：榆树尽管如此威严雄伟，给我们遮阴蔽阳，可是它们并非"圣物"，没有理由因为它们而对其他所有生命展开一场永无休止的杀戮。比如，威斯康星州另外一位妇女写道："我一直都很热爱我们的老榆树，它们仿佛就是我们山水风光的标志。可是此外还有很多品种的树木……再说我们也必须保护我们的鸟儿，春天里要是没有了知更鸟的歌声，还有谁能想到比这更加单调乏味、令人沮丧的事吗？”

对于公众而言，此事很容易就会成为一个非此即彼的简单选择：要鸟儿还是要榆树？但实际情况并非如此简单，而且在充满悖论的化学控制领域内，其中一个极大的讽刺就是：如果我们继续沿着目前这条老路驾轻就熟的话，我们很有可能最终两者皆失。喷药是在屠杀鸟类，却不是在挽救榆树。别以为榆树的救赎就在喷雾器的喷嘴上，这种幻想简直就是危险的、令人着魔的鬼话：它使一个又一个的村镇陷入了繁重开支的泥潭，却没有产生任何持久效果。比如，康涅狄格州的格林尼治连续十年定期喷药，结果一个干旱的年头却给甲虫带来了利好，使榆树的死亡率飙升了十倍。在伊利诺伊大学所在地乌尔班纳，荷兰榆树病最早出现于1951年，喷药项目于1953年展开，结果截至1959年，尽管历经六年喷药，该大学校园内仍有86%的榆树死掉，其中一半死于荷兰榆树病。

在俄亥俄州托莱多市，一场类似的经历促使林业主管约瑟夫·A.斯维尼对喷药效果的态度重归现实。当地喷药始于1953年，并一直持续到1959年。然而在此期间，斯维尼先生注意到，严格按照“书本和权威机构”的推荐用量喷药后，困扰全市的棉枫鳞癣比从前更加严重了。他决定亲自去核查荷兰榆树病的喷药效果，而调查结果则使他大为震惊。他发现，在托莱多市“唯独那些立刻采取果断措施除掉病树的地区还谈得上有所控制，在依靠喷药的地区，疾病却彻底失控了，而在从未采取任何措施的乡村地区，榆树病传播反而没有市区那么迅速。这表明，喷药反而毁掉了榆树病的天敌。我们正在摒弃喷药治疗荷兰榆树病的做法，这样做使我同那些支持美国农业署主张的人冲突不断，但是我有事实依据，所以会坚持我的做法”。

很难理解，那些最近才有榆树病传播的中西部城镇为什么个个都雄心勃勃、不假质疑地开始采纳昂贵的喷药计划，为什么如此迫不及待，而不是去那些长期与此问题打交道的地区深入探究一下呢？比如纽约州在对付荷兰榆树病方面当然是具有长期经验的。因为据信，染病的榆木正是经由纽约港于1930年进入美国的。而今，纽约州在该病的防控和治理方面成绩也是最为卓著的，然而，那里并未依赖于喷药。事实上，该州的农业推广部门并不提倡把喷药作为社区防控法。

那么，纽约州的卓越成效究竟是如何得来的呢？从榆树病大战初期直到现在，那里依靠的方法一直都是严守环卫关，即果断移除和摧毁所有病树，甚至包括刚刚被感染的树木。尽管一开始的效果不尽如人意，但那是因为当时人们并不知道，不仅仅是病树，而是所有可能留有甲虫卵的榆树都必须摧毁。受感染的榆树若被砍倒、留作木柴的话，就可能释放出大群大群携带真菌的甲虫，除非在春季到来前彻底烧掉。因为传播荷兰榆树病的正是这一类成年甲虫，它们从冬眠中醒来，在四月末到五月开始进食。纽约州昆虫学家根据经验已经得知什么样的树木容易繁殖甲虫，因而在疾病的传播中最为重要，然后通过集中处理此类危险树木，才有可能既取得良好效果，又将环卫项目的开支控制在较低的限度内。截至1950年，纽约市5.5万棵榆树中，荷兰榆树病发病率已被降至仅0.2%。威彻斯特郡于1942年开展了一场环卫运动，此后的十四年中，每年的平均榆树死亡率仅为0.2%。水牛城的18.5万棵榆树通过开展环卫工作取得了极其优秀的疾病防控成绩，近年来的年死亡率已经降至0.3%，换言之，若按此速度，大概需要三百年才能毁掉水牛城的全部榆树。

锡拉丘兹发生的一切尤其引人注目。1957年之前，那里还没有采取过任何有效措施，因此从1951年到1956年间，锡拉丘兹失去了近3000棵榆树。后来，在纽约州立大学林业学院的霍华德·C.米勒的指导下，该市展开了一次密集攻势，移除了全部患病的榆树及所有可能繁殖甲虫的榆木病源。现在，这里的年死亡率已经远低于1%。

通过环卫方案实施防控的经济性是纽约州荷兰榆树病防治专家特别强调的一点。纽约州农业学院的J.G.马赛斯说："多数情况下，实际支出都小于其他救治方案。如果一根枝干死亡或折断，那么它终究要被砍掉，以防可能造成的财产损失或人身伤害。如果是一堆柴火，那么春天之前是可以使用的，树皮可以从木头上剥下，或者将木头存放在干燥的地方。如果是整棵树死亡或者垂死，那么为防止荷兰榆树病的蔓延，应立刻将它移除，其费用不会比以后被迫移除时更高，因为在城市区域内，死树终归是要移除的。”

由此可见，防治荷兰榆树病并非完全无计可施，只是需要了解具体情况，并据此采取明智措施。尽管以目前已知的手段暂时还无法根除榆树病，但是一旦某地区已确定感染，便可以通过环卫防治法将该病控制或抑制在合理界限内，而且无须使用既徒费资源又必然对鸟类生命造成悲剧性毁灭的那些方法。其他解决方案可能在于林木遗传学，在这一领域内，实验表明有望培育出一种抗荷兰榆树病的杂交榆树。欧洲榆树对此病就有高度免疫力，在华盛顿特区已有大量种植。即使在城内的榆树大批感染期间，这些榆树当中也未发现一例荷兰榆树病。

有人正在敦促在那些榆树大量损失的地区通过建立树苗圃及育林工程实现树木的移植再造，这一点很重要。尽管这些项目也包括欧洲榆树，不过还是更应该注意树种多样性，这样将来就不会有某种传染病夺走一个城镇的全部树木。一个植物或者动物的群落是否健康，关键在于英国生态学家查尔斯·埃尔顿所说的“保持多样性”。现在的状况很大程度上就是由于过去几代人保持生物纯种的观念造成的。就在上一代之前，还没有人知道大面积种植单一树种无异于招引灾难；于是，整个城市街道两旁和公园之内都种满了榆树，而今榆树一死，鸟儿也跟着遭了殃。

另外一种美国鸟类也像知更鸟一样，似乎到了灭绝的边缘，它就是国家的象征——鹰。过去十年里，它的数量缩减令人担忧。已有事实表明，鹰的生存环境中有某种因素导致其繁殖能力几乎已被摧毁。究竟是什么东西作祟尚不确定，不过已有证据表明杀虫剂难辞其咎。

北美大陆得到最深入研究的鹰类是那些沿佛罗里达西侧海岸线从

坦帕到迈尔斯堡这一地段筑巢的鹰。在那儿，有一位来自温尼伯的退休银行家查尔斯·布洛里在1939年到1949年间为超过1000只秃鹰系上了鸟足带做标记，从而在鸟类学界声名鹊起。（此前全部的鸟类标记历史中，只有166只鹰做过标记。）布洛里先生是在冬日的月份里趁鹰还是幼鸟、尚未离开鸟巢时给它们做标记的。后来重新找到它们时发现，原来这些生于佛罗里达的鹰会沿着海岸线一直向北飞入加拿大，最远甚至到达了爱德华王子岛，而此前它们一直被认定为非迁徙鸟类。秋天，它们又一路南返，其迁徙路程可以在类似宾夕法尼亚州东部的鹰山这样有利的观测点观察到。

刚开始给鹰系标记的那几年里，布洛里先生常常能在自己选择作为研究对象的那段海岸线上每年找到一百二十五处鸟巢，每年被标记的幼鸟数量约为一百五十只。1947年，幼鸟的出生量便开始下降。有些鸟巢没有鸟蛋，其他的窝里虽有鸟蛋可是却不能孵出小鸟。1952年到1957年间，约80%的鸟巢都没有幼鸟孵出；最后那一年里，只有四十三个鸟巢有鸟栖居，其中有七个鸟巢生了幼鸟（共八只小鹰）；二十三个鸟巢有蛋却没能孵出小鹰；另外十三座只是成年鹰作为觅食的歇脚点，根本没有鸟蛋。1958年，布洛里先生沿海岸长途跋涉一百多英里，才终于找到一只小鹰，并给它系了脚环。1957年还有四十三个鸟巢可以看见成年鹰，而这一年他却只在十个鸟巢里见到过成年鹰。

虽然由于布洛里先生1959年去世，这一极具价值的连续观察也随之终止，但是，来自佛罗里达州奥杜邦协会以及新泽西州和宾夕法尼亚州的报告，都进一步证实了这一趋势——照此下去，我们很可能得重新寻找另外一个国家象征了。鹰山禁猎区的馆长莫里斯·勃朗的报告尤其引人注意。鹰山是宾夕法尼亚州东南部一座风景如画的山峰，正是在此处，阿巴拉契亚山脉最东端的山脊形成了阻止西风大举吹向沿海平原的最后一道屏障。冲到山下的大风向上偏转，于是在秋天的许多日子里，这里会有一股持续的上升气流，那些翅膀宽大的鹰在其南下迁徙的途中可以毫不费力地乘风而行，一天就能飞越很多路程。鹰山正是多条山脊会合之处，也是这些空中航道汇聚之处，其结果就是，来自鹰山北侧的广阔区域的鸟类都要从这个交通的咽喉地带经过。

莫里斯·勃朗担任该禁猎区的监管人超过二十年，他所观察并实际记录过的鹰比任何一个美国人都多。秃鹰的迁徙高峰在8月末到9月初，它们被认定就是在北方度过夏天后返回家乡佛罗里达的鹰。（而秋末和早冬时节，还有一些较大的鹰飞过这里，飞向一个未知的地方过冬，它们被认定为属于另一个北方种群。）在该禁猎区刚刚建立的那几年，即1935年到1939年，他观察过的鹰群中有40%刚满周岁，这个从它们身上清一色的深色羽毛一看便知。可是近些年来，这些未成熟的小鹰已不多见，1955年到1959年间，它们只占鹰群总数的20%，而其间一年（1957年）内，平均每三十二只成年鹰仅有一只幼鹰。

鹰山的观察结论与其他地方的调查结果相一致。其中一份类似报告来自埃尔顿·福克斯，他是伊利诺伊州自然资源委员会的一位官员。可能在北方筑巢的鹰过冬会选择密西西比河及伊利诺伊河沿岸。1958年福克斯先生报告说，他最新统计的五十九只鹰中，只有一只是雏鸟。其他表明这个种群正在灭绝的类似迹象来自全球唯一的一个纯鹰类保护区——萨斯奎哈纳河的蒙特约翰逊岛。这座岛虽然距离康诺温格大坝仅八英里，距离兰开斯特县海岸更是只有大约半英里，但至今仍能保持其原始风貌。从1934年开始，这里的一个鹰巢就一直处于赫伯特·H. 贝克教授的观察之下，他是兰开斯特的一位鸟类学家，也是该保护区的管理人。1935年到1947年间，该鹰巢定期被鹰占用，且一直能成功孵出雏鹰；可是自从1947年开始，尽管有成年鹰入巢，而且也下了蛋，却始终没有幼鹰出生。

就是说，蒙特约翰逊岛上的情况跟佛罗里达一样——有成年鹰的入巢行为，有产蛋行为，但就是没有或很少有雏鸟出生。要寻求解释的话，似乎只有一个答案符合所有的事实，那就是该鸟类的繁殖能力已经因某些环境因素而大幅降低，以至于现在每年几乎没有幼鹰出生来延续这一种群了。

有人在其他鸟类身上做过多项实验来人工模拟完全相同的情境，其中最引人注目的是美国鱼类及野生生物管理局的詹姆斯·德威特博士。德威特博士做了大量现在已成经典的实验，以验证一系列杀虫剂对鹌鹑和野鸡的影响，这些实验均证实了一个事实：接触 DDT 及相关化学药物即使没有给成鸟造成可以观测到的伤害，也会严重影响其生殖能力。施加影响的方式可能各不相同，但最终造成的结果总是一样的。比如，正处繁殖季节的鹌鹑饮食中加入了 DDT 后，它们存活下来并生出了正常数量的鸟蛋，可是很少有蛋能够孵化。德威特博士说："许多胚胎在孵化初期似乎能正常生长，但是到了出壳阶段就死掉了。"那些实际出壳的幼鸟有一半以上也是不出五天就死亡了。其他一些同时对鹌鹑和野鸡进行的测试表明，如果它们全年的饮食中都含有被杀虫剂污染的食物，则成鸟完全不能生蛋。在加州大学，罗伯特·拉德博士和理查德·吉纳利博士报告了类似的研究结果：当野鸡的饮食中加入狄氏剂时，"产蛋量显著降低，雏鸡成活率也很低"。据这些实验的作者判断，幼鸟所受的伤害虽然延迟但足以致命，这种作用始于鸟蛋的蛋黄里贮存的狄氏剂，幼鸟在孵化期及出壳后，狄氏剂被逐渐吸收。

这种观点在华莱士博士和他的另一名研究生理查德·F. 伯纳德的近期研究中得到了有力证实，他们在密歇根州立大学校园内的知更鸟体内发现了高浓度的 DDT。在所有检测的雄鸟的睾丸里、正在发育中的卵泡里、雌鸟的卵巢里、已发育完成但尚未产下的蛋里、输卵管里、被弃鸟巢里找到的未孵出幼鸟的鸟蛋以及这些鸟蛋内的死胎里，还有一只刚刚孵出便死亡的雏鸟体内，他们全部都测出了毒素的存在。

这些重要研究均证实了一个事实：杀虫剂的毒性会影响下一代，

即使脱离了与该杀虫剂的初期接触。鸟蛋内，以及为发育中的胚胎提供营养的蛋黄内贮存的毒素无异于一份死神授权令，足以解释为什么德威特实验中那么多幼鸟死于鸟蛋内，或者出壳几天后便死亡了。

要想在实验室里对鹰开展此类研究面临着几乎无法逾越的困难，不过野外研究已经在佛罗里达州、新泽西州及其他地方开展，以期获得确切证据，证实究竟是什么导致了大部分鹰类种群明显的不育问题。目前来说，已有的全部间接证据矛头均指向杀虫剂。在鱼类资源丰富的地区，鱼类在鹰类食物中占的比重很大（阿拉斯加约为 65%，切萨皮克湾地区约为 52%）。布洛里先生曾长期研究的鹰都是以鱼类为主要食物的，这一点几乎确凿无疑；而 1945 年以来，这个沿海地带一直遭受着 DDT 燃油溶剂的反复喷洒，这种空中喷洒的主要目标是盐沼地蚊子，它们生活在沼泽地带及海岸地区，而这正是典型的鹰类觅食区域。这里的鱼类和蟹类均有大量死亡，经实验室检测分析，它们的体内组织均显示出高浓度的 DDT——大概百万分之四十六。就像清水湖的鹛鹛因进食湖中的鱼类而导致体内累积高浓度杀虫剂残留一样，鹰类的体内组织也一直在累积 DDT，这一点几乎是必然的。如同鹛鹛、野鸡、鹌鹑以及知更鸟一样，它们逐渐丧失了生育能力，导致其种群已难以为继。

有关鸟类在现代社会所面临的危险，世界各地都已发出共同呼声。各地的报告细节各不相同，但总是在重复同一主题：使用杀虫剂后造成了野生动物的死亡。比如，在法国，有葡萄园施用了含砷的除草剂后，数百只小鸟及鹧鸪濒临死亡；曾以鹧鸪数量之多而著称的比利时鹧鸪狩猎区在附近农田喷药后，鹧鸪已死伤殆尽。

英格兰面对的重大问题似乎较为特殊，这与他们播种前用杀虫剂处理种子这一越来越普及的做法有关。给种子施药不是什么新鲜事，但是早年间施用的药物主要是杀菌剂，似乎也从未给鸟类带来什么影响。后来在 1956 年前后改为实行两用施药，即除了杀菌剂以外，另加狄氏剂、艾氏剂或者七氯以对付土壤昆虫。随后，情况便急转直下。

1960年春，鸟类死亡的报告如洪水般涌向英国的野生生物管理机构，包括英国鸟类信托公司、皇家鸟类保护协会以及猎鸟协会。诺福克一位农场主写道："此地有如战场，我的管家发现了数不清的尸体，其中包括很多小鸟——苍头燕雀、绿莺雀、红雀、篱雀，还有家雀……这些野生生命的毁灭真是可怜。"一位猎场管理人写道："我的鹧鸪全被这种包药的谷种杀光了，还有一些野鸡和其他鸟儿，数百只鸟儿都死了……我做了一辈子猎场管理人，这对我来说真是一件痛心的事情。眼看着一对一对的鹧鸪双双死亡，真是太糟糕了。"

在一份联合报告中，英国鸟类信托公司和皇家鸟类保护协会描述了约67起鸟类被害案例——实际上1960年春天发生的鸟类毁灭事件远远不止这个数字。这67起案例中，59起是因种子施药造成，8起是因毒药喷洒所致。

新一轮的中毒高潮在第二年接踵而至。诺福克仅一处地产便有600只鸟儿死亡的案情甚至告到了英国上议院，还有，北埃塞克斯有100只野鸡死亡。很快便明显看出，被牵扯其中的郡县已超过1960年（34：23）。农耕业比重最大的林肯郡似乎受灾最重，已报告有1万只鸟死亡。但是北到安格斯、南到康沃尔，西到安格尔西、东到诺福克，灾难已席卷了整个英格兰农业区。

1961年春，人们的担忧达到了极点，以至于众议院专门成立了特别委员会对此进行调查，听取了农民、农场主、农业部代表及关注野生动物的各种政府机构和民间组织的证词。

一位证人说："鸽子在空中飞行时突然就掉下来死了。"另一位报告说："你在伦敦郊外驱车一两百英里都看不到一只茶隼。"自然保护协会的官员做证说："本世纪内，甚至就我所知的任何时期内，这种情况都是绝无仅有的，野生生物正面临本国史上最大的威胁。"

对受害鸟类进行化学分析的实验设备严重不足，而且仅有两名化学家能够做此检测（一位是政府任职的化学家，另一位受雇于皇家鸟类保护协会)。有目击者描述过焚烧鸟儿尸体的熊熊大火。不过经过努力，还是收集了许多鸟类的尸体以供检测。送检的所有鸟儿中除了一只以外，其他全部含有杀虫剂残留。唯一的例外是一只沙锥鸟，而它们是不吃种子的。

狐狸也跟鸟类一起受到了影响，大概是因为吃了中毒的鼠和鸟儿间接所致。兔子泛滥成灾的英格兰，现在急需狐狸这种捕食者。可是从1959年11月到1960年4月，至少有1300只狐狸死亡。狐狸死亡最惨重的郡县恰恰就是食雀鹰、茶隼及其他被捕食的鸟类几近消失的那些地区，这种情况表明毒素正在通过食物链传播，从食用种子的动物到长着毛发或羽毛的食肉动物，都已经被覆盖。狐狸临死前的行为恰恰是氯化烃类杀虫剂中毒的动物典型的症状：有人目睹它们兜圈子，迷迷糊糊，眼睛接近失明，最后抽搐而死。

听取大量证词后，该委员会确信野生动物们面临的威胁“极其令人震惊”，并因此建议众议院“应该确保农业部长及苏格兰事务大臣立刻禁止使用一切含狄氏剂、艾氏剂、七氯以及毒性相当的化学品处理种子”。该委员会还建议采取更为充分的限制措施，以确保化学农药投放市场前已在实验室环境及实地试验中得到充分测试。这一点——有必要特别强调一下——是世界各地在杀虫剂研究方面的重大空白。生产商的测试都是针对常见的实验室动物，如鼠、狗、豚鼠等，却没有针对野生物种进行测试，鸟类向来不包括，鱼类也没有，而且测试都是在控制条件的、人为的环境下进行。可见，这些测试结果远不能适用于野外环境下的动物。

英格兰绝不是唯一由于处理种子而使鸟类遭受毒害的地区。在美国，这个问题在加州及美国南方的稻米产地一直都是极其棘手的问题。多年以来，加州的稻米种植户一直使用DDT处理种子，以预防可能危害稻苗的蝌蚪虾及蜣螂甲虫。加州的户外运动爱好者向来享有优越的狩猎条件，因为稻田里总有大量水鸟和野鸡聚集。可是在过去十年里，这些稻米产区一直有关于鸟类死亡的报道，尤其是野鸡、野鸭和燕八哥的死亡。“野鸡病”成了人人皆知的现象，根据一位观察员的说法：“中毒的鸟儿到处找水喝，然后瘫痪，倒在水沟旁或者稻田梗上浑身颤抖。”这种“鸟病”在春季发生，正是稻田播种之时。而种子里施用的DDT浓度是足以杀死成年野鸡的许多倍。

几年过后，新研发的毒性更强的杀虫剂更是加重了施药种子带来的危害。比如对野鸡的毒性相当于DDT一百倍的艾氏剂如今已经普遍用作种子的外包药物。在得克萨斯州东部的稻田里，这种做法已经严重减少了著名的栗树鸭的数量，那是墨西哥湾岸区的一种茶色羽毛、看上去像鹅的野鸭。事实上有理由相信，那些稻米种植户之所以使用这种杀虫剂，其实是有双重目的的，因为他们发现这是减少燕八哥数量的好方法，然而，它却给稻田里的多个鸟类物种带来了灾难后果。

由于杀戮已成习惯，凡是给我们带来烦恼和不便的生物自然要被“铲除”，于是，鸟类越来越发现自己已经成了毒药的直接目标，而不是意外受害者了。空中喷洒对硫磷这样的致命毒药已经日益成为一种趋势，其目的正是控制农民所反感的鸟类数量。鱼类及野生生物管理局已经感到有必要对这种趋势表达严正关注，并指出“在施用过对硫磷的地区，人类、家畜及野生动物均存在潜在威胁”。比如1959年夏天，印第安纳州南部有一群农民合伙租用了一架喷药飞机，以便在河岸地区喷洒对硫磷，而这一地区正是数千只在庄稼地附近觅食的燕八哥的理想栖息地。其实这个问题本来可以轻松解决，只需稍微改变一下农耕实践，换成那种谷穗深藏不露、鸟儿轻易够不着的玉米品种即可，不过农民早已相信了药物毒杀的优点，于是就请来了飞机执行死亡任务。

其结果或许令农民称心如意了，因为死亡名单上已包括了约六万五千只燕八哥和八哥；至于还有什么其他的野生生命因此而死亡就不得而知了。对硫磷并非燕八哥的专杀药物，而是一种通杀的毒药。像兔子、浣熊或负鼠之类可能来这片洼地闲逛、但是或许从未骚扰过农民玉米地的动物也被法官和陪审团判了死刑，当然，他们不知道它们的存在，也不在乎它们的死亡。

那么人类又会怎样呢？在加州同样喷洒过对硫磷的果园里，工人们接触了一个月前喷过药的果树叶子后随即倒地，进入了休克状态，幸得及时医疗救治才侥幸逃出死神之手。印第安纳还会养育那些喜欢在森林和野地里漫游或者去河沿上探险的男孩吗？如果有的话，谁来守住这些已被投毒的区域，阻止那些为了寻找纯洁的大自然而误闯进来的孩子们呢？谁能时刻警惕地守望着，告诉那些天真的游玩者他们即将进入的竟是一块死亡之地——所有的植被都涂着一层致命的薄膜？然而，就是冒着如此可怕的危险，农民们对燕八哥发动了一场完全没有必要的战争，却没有人出来阻止他们。

每每遇到这样的情形，人们总是回避，不去面对这样一个问题：是谁做出的这个决定，启动了这条毒杀的链条，激起了这轮日益扩大的死亡之波，就像一颗石子扔进了一座平静的池塘？是谁在天平的一端放进了可能被甲虫吃掉的树叶，而在另一端却放进了一堆一堆色彩斑斓的羽毛——只可怜那是倒在杀虫毒药横扫一切的大头棒下的鸟儿们死后的遗骸？是谁替万千民众做出了决定——谁又有权力不与他们商议就擅自决定，认为没有昆虫的世界才是至关重要的，即便它同时也成了没有生命力的世界，没有展翅高飞的鸟儿用它们双翼的优美曲线点缀的世界？这个决定是独裁者的决定，他只是暂时被委以了权力，他只是趁着千百万人稍一疏忽的片刻做出了这个决定；然而，对于这千百万民众而言，大自然的美丽和有序终究还是有着深刻而至关重要的意义的。

第九章　死亡之河

在大西洋近海绿色的海水深处，有许多路径通回岸边。当然，这些路径我们是看不见也摸不着的，它们是鱼类巡游的路径，与近海河流的入海水流直接相连。数千年来，鲑鱼已经熟悉了这些由淡水形成的路线，并沿着它们洄游[①]到江河，回到它们曾经度过生命最初阶段的那些小支流中去。1953年的夏秋之际，新不伦瑞克海岸区一条名曰“米拉米奇河”里的鲑鱼按时回家了，它们从大西洋深海的觅食地逆流而上，回到了自己的故乡河。那年秋天，就在米拉米奇河的上游河段，在多条纵横交错、绿荫掩映的小溪汇聚而成的溪水中，鲑鱼产下了它们的卵，就藏在碎卵石铺就的河床上，冰凉的溪水从上面轻拂而过。这条河流刚好流经一大片由云杉和香脂、铁杉和松柏构成的针叶林区，这样的水域恰恰提供了鲑鱼的生存和繁衍所必需的理想产卵地。

这种洄游行为重复着一个由来已久的模式，正是这种模式使得

① 洄游：某些鱼类的生活行为，它们会在一定时期从原栖息地集群游到另一个水域生活，经过一段时间或达到一定发育阶段时，又沿原路线集群回到原栖息地生活。这是一种定期、定向的规律运动。一般分为生殖洄游、索饵洄游和季节洄游。比如这里写到的鲑鱼，通常会做生殖洄游——从大海上溯回到原来生活的江河进行生育繁殖。

米拉米奇河成了北美大陆最上好的鲑鱼产地。可是那一年，这个模式注定要被打破了。

秋冬两季，这些个头巨大、包裹着硬壳的鲑鱼卵静静地躺在妈妈在堆满砾石的河底事先给它们挖好的浅槽中。整个寒冷冬季，它们发育缓慢，这是它们一贯的风格；只有在春天融化了林区的溪水后，幼鱼才会孵化出来。起初，它们藏在河床的卵石之间——可怜的小鱼只有半英寸长短。它们不用吃东西，而是靠那只巨大的卵黄囊过活，直到它全部被吸收后，小鱼才开始在溪水里面寻找小昆虫。

1954 年春，在米拉米奇河里陪伴这些新孵化出来的婴幼鲑鱼的，还有前几次孵出的一两岁大的小鲑鱼，这些小家伙们披着鲜艳的外衣，装饰着横纹和亮红色的斑点，吃起东西狼吞虎咽，到处搜索着溪水里各种各样奇奇怪怪的小昆虫。

夏天来临时，一切都开始悄然改变。那一年米拉米奇河西北流域被纳入了一项大型喷药计划中，该计划由加拿大政府于一年前开始实施，旨在保护森林免受云杉蚜虫的危害。这种蚜虫是本土昆虫，专门攻击多种常青树种。在加拿大东部地区，它们每隔三十五年左右就会暴增一次。50 年代初期，蚜虫数量开始了这一轮的激增，为了应对，DDT 的喷洒就此展开，开始还是小范围喷洒，但在 1953 年突然开始加大力度：此前只不过在几千英亩林区喷洒，而这一次却有数百万英亩的森林被喷了药，旨在挽救冷杉树，因为它们是纸浆和造纸业的支柱。

于是，1954 年 6 月，数架飞机飞临米拉米奇西北林区上空，开始了纵横交错的飞行模式，一瞬间漫天白雾，水汽在雾气中缓缓沉降。当时喷剂的配比量为每英亩半磅 DDT 混合于油液之中。药液从冷杉树上一点点滤下，其中一部分最终必然落到了地面和流动的溪水中。飞行员们一心只关注任务，根本不会设法避开溪水，也不会在飞过河流时关掉喷药枪管；当然，就算他们这么做了，恐怕也是于事无补，因为只要有一丝空气的流动，喷雾就会飘出好远。

喷药刚刚结束，一些不良迹象就确定无疑地凸显出来：没出两天，溪水沿岸便发现了已死和垂死的鱼，其中就包括那些幼小的鲑鱼；河鳟也出现在死鱼中，路边和林中还有鸟儿死亡。溪水里的一切生命都沉寂了。喷洒前，水里曾有过各式各样的水生生物，它们构成了鲑鱼和鳟鱼的食物——其中有飞蛴螬幼虫，它们生活在用唾液将树叶、树枝和碎石子黏合而成的松散的保护罩子里，还有在水流的漩涡中紧紧贴在岩石上的石蝇的蛹，也有像蠕虫一样的黑蝇幼体，它们贴着急流下面的岩石或者溪水拍溅的峭壁斜岩缓缓移动。可是如今，溪水里的昆虫都被 DDT 杀死了，小鲑鱼也没有可吃的东西了。

当然，在这么一幅死亡和毁灭的惨景中，这些幼小的鲑鱼自身恐怕也是难逃厄运。事实也的确如此：截至 8 月，那年春天从卵石铺就的河床中孵化出来的那些小鲑鱼已经无一幸免，整整一年的卵全部化为乌有。一年前或者再早一点孵出的稍大一点的幼鱼遭遇略好了一点点：在飞机光临过的小河中，1953 年孵出的幼年鲑鱼只有六分之一幸存下来；而 1952 年孵出的几乎马上就要入海的少年鲑鱼折损了三分之一。

这一切事实之所以为人所知，是因为加拿大渔业研究会从 1950 年开始一直在进行一项关于米拉米奇河西北河段的鲑鱼研究。每一年，该研究会都要对溪水里生存的鱼类进行一次普查。生物学家的记录内容包括从大海上溯回到河里产卵的成年鲑鱼的数量、溪水中各年龄段幼年鲑鱼的数量以及栖息于溪水中的鲑鱼及其他鱼类的正常数量。有了对喷药前状态如此完整的记载，也就有可能精确计算喷药造成的损失了，其精确程度恐怕很少能有什么地方与之媲美。

调查显示，损失绝不仅仅限于幼鱼，它还揭示了溪水本身的严重恶变。重复喷药现已完全改变溪水环境，作为鲑鱼和鳟鱼食料的那些水生昆虫已全部死亡。对于这些昆虫而言，哪怕经历一次喷药，其数量再想恢复到足以供正常数量的鲑鱼为食，恐怕也需要相当长的时间——以年计算而不是以月计算的时间。

小一点的昆虫品种，如摇蚊和黑蝇恢复起来较快，它们比较适合最幼小的鲑鱼——即仅几个月大的鱼苗食用。可是，两三龄的鲑鱼赖以为食的较大的水生昆虫——包括石蛾、石蝇和蜉蝣的幼虫，它们恢复起来却不可能这么快。就算在DDT进入溪水的第二年里，一条觅食的幼鲑除了偶尔碰到一只小小石蝇以外，恐怕很难找到别的什么东西了，根本没有大一点的石蝇，没有蜉蝣，也没有石蛾。为了人为供应这些天然食料，加拿大人曾尝试将石蛾幼虫及其他昆虫人工移植到米拉米奇河的这些贫瘠河段，不过这些移植过来的昆虫当然也会被下一次喷药彻底消灭。

反观那些蚜虫，它们的数量非但没有按预期那样减少，反而证明自己越挫越勇；于是从1955年到1957年间，新不伦瑞克省和魁北克省的多个区域都曾再次喷药，有些地区甚至被喷过多达三次。截至1957年，将近一千五百万英亩的土地都被喷了药。虽然此后喷药被暂时叫停，可是蚜虫又突然卷土重来，结果导致1960年和1961年又各喷了一次药。事实上，任何地方都找不到证据证明，以化学喷药手段控制蚜虫除了作为权宜之计外，还能有什么其他效果——其目的不过是挽救那些连续多年脱叶的树木不至于死亡而已；然而不幸的是，随着喷药的继续，其副作用也会持续发威。为了将鱼类的损失降到最低，加拿大林业官员在渔业研究会的建议下，将DDT的药物浓度从此前使用的每英亩半磅降到了四分之一磅。（而在美国，每英亩一磅这样严重致命的所谓标准药量仍然盛行。）如今，经过了几年对喷药效果的观察，加拿大人找到了一个似乎能兼顾各方的方案，不过若是喷药一直持续的话，这个方案是不会给那些从事鲑鱼捕捞的人带来什么安慰的。

好在，一系列极其异常的情况组合在一起，竟意外挽救了米拉米奇河西北水域的那些洄游鱼群，使它们没有招致预期中的毁灭——这一系列偶发事件居然凑巧一起产生，恐怕再过一百年也不会再有了。我们有必要了解一下那里发生了什么，以及为什么如此。

1954年，如我们所见，米拉米奇河这一支流的水域喷洒了大量药物；而此后，这一支流的上游水域就被喷药项目排除在外了，除了1956年有一条狭窄区域又被喷药以外。1954年秋，一股热带风暴又为米拉米奇河鲑鱼的好运搭了一把手。这股强烈的热带风暴——埃德娜飓风一路北上，到了这里已是强弩之末，却也给新英格兰地区和加拿大海岸带来了超强降雨，由此而形成的洪流和河流淡水一路奔腾入海，结果将异常多的鲑鱼从大海招引回来。于是，小溪里那些被鲑鱼选作产卵地的碎卵石床上便有了异常多的鲑鱼卵。随后，1955年春天在米拉米奇河西北水域新孵出的小鲑鱼发现，这里的环境对它们的生存而言简直是太理想了：尽管前一年DDT已经杀光了溪水里的所有昆虫，可是最小的昆虫——摇蚊和黑蝇却恢复了数量，而这些正是幼鲑的正常食物。而且，那一年的鲑鱼苗发现，不仅食物大丰收，而且竞争者少了——这其实是因为一个说来残酷的事实：年龄稍大一些的小鲑鱼都在1954年被喷药杀光了。于是，1955年的幼鲑鱼长得极快，且存活数量格外多；因此它们迅速完成了淡水流域的生长阶段，并早早就下了海。1959年，它们当中的一大半又重返故乡，使这条河流的洄游鲑鱼数量大增。

如果说米拉米奇河西北水域的鱼群相对来说还算情况不错，那也是因为喷药只进行了一年而已。若是看看这个流域内的其他河流，重复喷药的后果就一目了然了——那里，鲑鱼数量的锐减已是令人担忧。

在所有喷过药的河流里，各尺寸的幼鲑都很罕见。据生物学家报告，最年幼的那一批大多已被“残杀殆尽”。在米拉米奇河西南干流水域，因1956年和1957年先后两次喷药，导致1959年的捕鱼量达到十年最低点。当时渔民纷纷议论，那一年极难看到溯河产卵鲑（又称幼鲑、首次溯河产卵的鲑鱼），它们是洄游鲑鱼中的最年轻群体。根据米拉米奇河口取样井的计数，1959年这种溯河产卵鲑数量只有前一年的四分之一。另外，1959年整个米拉米奇流域仅有六十万头二龄鲑（即首次下海的小鲑鱼）——还不到前三年年产量的三分之一。

鉴于这一情况，新不伦瑞克省鲑鱼渔业的未来大概只能指望找到一种 DDT 的替代品用于森林喷洒了。

或许除了森林喷洒面积大和有大量数据得以采集之外，加拿大东部的情形再没有什么独特之处了。缅因州也一样，有云杉和冷杉的林区，也有森林害虫的防治问题；缅因州也有鲑鱼的洄游鱼群——不过只是过去超级壮观的洄游群的一点残余而已，可是就这一点残余也可谓来之不易，多亏了生物学家和环保人士的努力，才得以在河流里为鲑鱼保住那么一点栖息地，因为那些河流在工业污染和原木的重重阻塞下已是不堪重负了。尽管这个地区也曾尝试过以喷药为武器对付无所不在的蚜虫，不过好在受灾区域相对较小，并且目前还没有将鲑鱼产卵的重要河流纳入喷药区。然而，缅因州内陆渔猎管理处在一个地区观察到的河鱼发生的状况或许是个不祥之兆。

该管理处的报告中说："1958 年刚刚喷过药，大戈达德河中就发现了大量濒临死亡的亚口鱼。这些鱼表现出典型的 DDT 中毒症状：它们游动方式异常，露出水面大口喘气，还伴有颤抖和痉挛。喷药后五天内，已从两张渔网中收集到 668 条死掉的亚口鱼。另外，在小戈达德河、卡里河、阿尔德河及布雷克河中，都发现了大量鲦鱼和亚口鱼中毒死亡。这些鱼被发现时常常是被动地浮在水里顺流而下，处于一种虚弱和垂死的状态。有些案例表明，喷药后超过一周仍有人发现鳟鱼眼盲、垂死、被动漂浮、顺流而下。"

（DDT 可能造成鱼类眼盲这一事实也被多项研究证实。1957 年，加拿大一位生物学家在观察温哥华岛北部喷药时报告说，割喉鳟鱼[①]的幼鱼用手就可以从河里捞出，因为它们动作懈怠，根本不逃。经检查，发现它们眼睛上蒙着一层不透明的白膜，表明它们的视力已受损或已丧失。加拿大渔业局所做的实验室研究表明，接触浓度低至百万

① 割喉鳟鱼：又称山鳟、切喉鳟鱼，是北美大陆西部水域特有的一种异常凶猛的鳟鱼。

分之三的 DDT 后，几乎所有的受测银鲑鱼虽然未被毒死，但都表现出眼盲的症状，眼球晶状体明显出现浑浊。）

只要有大片森林的地方，现代害虫防治法就会威胁到那些生存在树荫遮蔽下的河流里的鱼类。美国最著名的一次鱼类遭受灭顶之灾的案例发生在 1955 年，起因是黄石公园内部及附近施用农药。那年秋天，黄石公园里发现的死鱼数量之多，已经令户外渔猎爱好者和蒙大拿州渔猎业管理处大为震惊。大约九十英里的河流都受到影响。在其中一段仅三百码长的河岸，竟发现有六百条死鱼，其中包括褐鳟、白鲑和亚口鱼。作为鳟鱼的天然饵料的水生昆虫已全部消失。

林业局工作人员宣称，他们是按照建议的每英亩一磅 DDT 的“安全标准”施用的，可是喷药的后果应该足以使人相信这一建议有多么不可靠了。1956 年起，蒙大拿州渔猎管理处会同两家联邦机构——鱼类及野生生物管理局和林业局，进行了一次合作研究。当年，蒙大拿州的药物喷洒覆盖了九十万英亩，其中八十万英亩于 1957 年又被施药。因此，生物学家要找到可供研究的区域毫不费力。

死亡的模式总是呈现得典型而具体：森林中弥漫的 DDT 气味、水面上漂浮的油膜、岸边死亡的鳟鱼。所有经分析测试的鱼，无论取样时是死是活，其体内组织中均储存有 DDT。与加拿大东部情形相同，喷药最严重的后果之一是饵料生物的锐减。在许多研究区域内，水生昆虫及其他水底动物种群的数量减至正常情况的十分之一。这些昆虫对于鳟鱼的生存至关重要，一旦遭到毁灭，再想要恢复其数量是需要很长时间的。即使在喷药后的第二个夏天，也只有极少数的水生昆虫得以恢复。其中一条河流曾经有着丰富的底栖动物，而今却几乎找不到任何一种昆虫。同是在这条河里，可供垂钓的鱼类已骤减 80%。

鱼中毒后未必立刻会死。事实上，延迟死亡的情况可能比直接死亡更多；而且，正如蒙大拿州生物学家们所发现的那样，这种情况可能得不到报道，因为它发生在鱼汛期之后。被研究的河流中，许多死

亡案例发生在秋季产卵的鱼类身上，其中包括褐鳟、河鳟和白鲑。这个其实并不奇怪，因为在生理应激期内，所有的生物——无论是鱼类还是人类，都会动用体内储存的脂肪以获取能量；这样，机体就会直接暴露于脂肪组织内贮存的 DDT 的全部致命毒性之下。

因此，每英亩一磅 DDT 这样的喷洒药量会给林区河流里的鱼类造成严重威胁，这一点再清楚不过了。而且，蚜虫防控的目标也没有达成，许多地方又要计划重新喷药。蒙大拿州渔猎管理处已经对继续喷药的计划正式提出了强烈反对，他们声称“不愿意为了必要性成疑且功效不确定的计划而危及渔猎资源”。不过，该部门又宣称，他们会继续与林业局合作“以确定尽量减少副作用的途径”。

可是，这样的合作能真的挽救鱼类吗？卑诗省[①]的经历足以胜过任何雄辩。在那里，黑头蚜虫发作已经肆虐数年。林业局官员担心，若再经历一季的脱叶，有可能造成严重的林木损失，于是决定于 1957 年实施蚜虫防控行动。其间曾与渔猎部门有过多次磋商，因为该部门官员担心洄游的鲑鱼群。森林生物分局同意，只要不破坏实效，可以对喷药计划做一切可能的调整，以降低对鱼类的风险。

尽管采取了这些预防措施，尽管事实上也明显做过真诚的努力，可是在至少四条主要河流里，鲑鱼死亡率几乎达到百分之百。

在其中一条河里，四万条洄游成年银鲑中的幼鱼几乎全军覆没；还有几千条尚处幼年段的钢头鳟和其他鳟鱼的命运也一样。银鲑的习性是每三年为一个生活周期，因此其洄游群几乎都是由单一年龄段的鲑鱼组成；同时，跟其他类属的鲑鱼一样，银鲑也有一种强烈的“归乡本能”——即回到其出生地所在河流。别的河流里出生的银鲑不会洄游到这里来。那么这就意味着，每隔三年，这条河里的洄游鲑鱼将几乎不存在，除非在精心管理下，以人工繁殖或其他手段能够重建这一具有重要商业价值的洄游群。

---

① 卑诗省：又称不列颠哥伦比亚省，是位于加拿大西部的省份。

其实这个问题是有办法解决的——既能保护森林，又能挽救鱼类。若是想当然地认定我们只能把我们的水道变成死亡之河而别无他法，那就等于是听信了绝望主义和失败主义的谗言。我们必须更广泛地运用目前已知的各种替代方案，同时，我们也必须运用我们的聪明才智和现有资源来开发新的方案。利用天然的寄生现象来控制蚜虫比喷药更有效，这样的案例是有据可查的，这种自然控制手段需要加以最大限度的利用。其他可能性还有：使用毒性较小的喷剂，或者更好的方法是引入致病微生物来使蚜虫生病，同时又不会危害整个森林生命网。我们会在后面探讨究竟还有哪些替代方案，以及它们有望达到的功效。而此时需要我们认识到的是：用化学药剂来治理森林虫害既不是唯一的方法，也不是最好的方法。

杀虫剂对鱼类的威胁可以分成三大类。其一，如我们前面所见，跟北部林区流动的溪水河流里的鱼类相关，且完全是由森林喷洒的问题造成；这种威胁几乎完全是 DDT 的影响。第二类则面积广大、无规律蔓生并不断扩散，因为它牵扯到多种不同鱼类——鲈鱼、翻车鱼、刺盖太阳鱼、亚口鱼及其他各种鱼类，它们栖息于美国各地的多种水体中，无论是静水还是流水；同时，它也牵扯到目前用于农业实践的几乎全线杀虫剂品类，只不过其中几名“主犯”——如异狄氏剂、毒杀芬、狄氏剂和七氯——比较容易辨认而已。第三类威胁主要跟我们可以合理推测出的未来事态发展相关，但是现在就必须予以考虑，因为研究才刚刚起步，未来必将揭露更多真相；这一大类影响到的是盐沼地、海湾区及入海口的鱼类。

新型有机杀虫剂的普遍使用必将给鱼类世界带来严重损害，这几乎是不可避免的，因为鱼类对氯化烃异常敏感，而氯化烃恰恰构成了现代杀虫剂的主体。而且，当数百万吨的有毒化学制剂施于大地表面时，其中必然会有相当一部分毒物进入到陆地和海洋之间不断运动着的水循环中。

有关鱼类死亡的报告现已如此常见，以至于美国公共卫生署已成立一个专门办事处，负责收集来自各州的类似报告，并以此作为水体污染的一个指数。

这是一个关乎众多民众的问题。大约两千五百万美国人视渔业为主要的休闲娱乐方式，另有一千五百万人至少也是临时垂钓爱好者。这些人每年要花费三十亿美元用于办理各类执照、购买渔具、船只、露营设备、汽油及住宿。凡是剥夺他们此项运动之事，其影响必将扩散，从而波及众多的经济利益。商业性水产业本身就意味着重大利益，况且更重要的是，它还是人类最基本的食物来源；毕竟，内陆及沿海渔业（不包括近海捕捞）的年产量约达三十亿磅。然而，随着杀虫剂日益侵入溪水、池塘、河流和海湾，我们会看到它给娱乐性及商业性渔业造成威胁。

向农作物喷洒药水和粉剂给鱼类带来毁灭的例证随处可见。比如在加州，一次使用狄氏剂防控水稻叶片害虫的尝试随即造成了约六万条垂钓鱼类的死亡，其中主要是蓝鳃鱼和各种翻车鱼；在路易斯安那州，由于甘蔗地施用了异狄氏剂，仅 1960 年就发生了三十起大型鱼类死亡事件；在宾夕法尼亚州，由于苹果园使用异狄氏剂对付老鼠导致了鱼类大量死亡；西部的高地平原使用氯丹防治蝗虫，结果随即导致大量河鱼死亡。

或许没有哪个农业喷药项目的实施规模能和美国南方的火蚁防控项目相比了，他们在数百万英亩的土地上广泛地喷洒了农药。其中使用的主要药物是七氯，它对鱼类的毒性仅次于 DDT；另外一种火蚁防控药狄氏剂对所有水生生命的极度危害更是有证据确凿的历史记载；不过说到底，异狄氏剂和毒杀芬对鱼类构成的威胁才是最大的。

火蚁防控范围内的所有区域，无论施用的是七氯还是狄氏剂，都报道了对水生生物的灾难性后果。从研究药物伤害的生物学家的报告中随便摘录几句，就足以让我们品出个中滋味了。得克萨斯州报告说："水生生物损失惨重，尽管运河已被尽力保护。""所有施药水域均出现死鱼。""鱼类死亡惨重，持续超过三周。"亚拉巴马州报告说：

“(在威尔科克斯县)施药后仅几天之内，大部分成年鱼均死亡。”“季节性水体和小支流里的鱼类看起来已经彻底灭绝了。”

在路易斯安那州，农民纷纷抱怨自家鱼塘的损失。在一条运河上，长度不过四分之一英里的一小段河段内，就能见到超过五百条死鱼或漂在水面或躺在岸边。另一教区的翻车鱼中，死鱼和活鱼的比例为 150∶4。另外五种鱼类似乎被彻底消灭了。

在佛罗里达州，一个喷药区所有池塘里的鱼都被测出七氯残留及其次生化学品——氧化七氯。其中包括翻车鱼和鲈鱼，它们不仅是垂钓者最爱的鱼类，而且还经常出现在我们的餐桌上；然而，它们体内含有的化学物质却位列食药监局认定的太过危险不宜人类食用(即使是微量摄入)的药物清单。

有关鱼类、蛙类及其他水中生物的死亡报告不断传来，以至于美国鱼类学家及爬虫学家学会——一个专门研究鱼类、爬行动物及两栖类动物的颇具权威的科学组织——于 1958 年通过了一项决议，呼吁农业部及相关各州政府机构立刻叫停“七氯、狄氏剂以及等效毒药的空中喷洒，否则必将造成不可弥补的伤害”。该学会还提请人们关注美国东南部地区生存的种类繁多的鱼类及其他生物，其中包括世界其他地区未曾出现的种类。该学会警告说:“其中许多动物的分布区本就有限，因此可能被轻易灭绝。”

南方各州的鱼类也因消灭棉田害虫的杀虫剂而遭受重创。1950 年夏天对于亚拉巴马州北部的产棉区来说是个灾难的季节。在那年之前，只需少量使用有机杀虫剂即可控制住棉籽象鼻虫。可是由于此前一连几个暖冬，结果 1950 年滋生了大量象鼻虫。于是，在郡县农药代理的怂恿下，约有 80% 到 95% 的农民都投奔了杀虫剂。当时最受农民欢迎的农药是毒杀芬——对鱼类杀伤力最强的农药之一。

那年夏天降雨频繁，而且雨量较大。雨水将农药冲进了河流，于是，农民们又继续施药。那一年，平均每英亩的棉田接受了 63 磅的毒杀芬，有些农民甚至用到高达每英亩 200 磅的药量，有一位农民杀虫过于心切，居然在一英亩地里施用了超过四分之一吨的农药。

后果如何自然不难预见，弗林特河所发生的一切就是该地区的一个缩影。这条河流经亚拉巴马州绵延五十英里的棉田，最后汇入惠勒水库。8 月 1 日，倾盆大雨降临弗林特河流域，从棉田流出的雨水先是涓涓细流，然后汇成小溪，最后形成了滚滚洪流冲入河流，导致弗林特河水位上涨了六英寸。显然，冲入河流的绝不仅仅是雨水，这一点在次日清晨便有目共睹了。水面上，鱼儿在盲目地兜圈子；不时会有一条鱼突然跃出水面，重重地摔在岸上；水里的鱼也是轻松就能捞到，一个农民捞出了几条，把它们放进了一座泉水汇出的水池，结果这几条鱼在纯净的水中逐渐复原。可是在河水中，终日都有死鱼顺水流漂浮而下。这还不过只是前奏而已，因为此后的每一场降雨都会将更多杀虫剂冲入河流，杀掉更多的鱼。8 月 10 日的一场降雨导致整条河流里的鱼损失惨重，以至于几乎已经没有幸存者能够撑到 8 月 15 日，留给那一波毒药巨浪大开杀戒了；不过这一波毒浪里含有致命农药的证据还是拿到了，因为有人将实验金鱼装在笼子里放入了河中，结果它们一天内全部死亡。

弗林特河里惨遭厄运的鱼类中有大量白刺盖太阳鱼，这是垂钓者的最爱之一。死亡的还有鲈鱼和翻车鱼，这些死鱼在河水最终汇入的惠勒水库里大量出现。这片水域中的杂鱼品种也被杀光了——包括鲤鱼、水牛鱼、鼓鱼、砂囊鲥和鲶鱼。没有任何鱼表现出生病的症状，只有临死前的怪异行为和鱼鳃上现出的奇怪的紫红色。

若在农家鱼塘附近施用过杀虫剂的话，那么这种温暖而封闭的水体环境对鱼类而言极有可能是致命的。许多案例都表明，毒药会被雨水及附近农田的径流带入河流中。有时，鱼塘不仅接纳了这种被污染的径流，而且还有可能直接接受毒剂，因为喷药飞机的飞行员在经过鱼塘上空时往往不会特意关掉撒粉器。即使没有这么多并发因素，正常的农业用药也足以使鱼类被迫接受远远高于其致死剂量的药物。换言之，即使大幅缩减用药的剂量也很难使其致死的局面有什么改观，因为只要超过每英亩 0.1 磅的浓度比，对池塘而言通常就被认定为极其危险了。而且毒剂一旦施入就很难再去除。有一处池塘为了除掉不需要的银色小鱼而施用了 DDT，结果虽经反复地排干、冲洗，池水仍然保持着毒性，以至于后来放养的翻车鱼中 94% 被毒死了。显然，这些化学毒物都留在了池塘底部的淤泥里。

目前的情况显然不会比现代杀虫剂刚刚投入使用时的情况有任何好转。俄克拉荷马州野生生物保护局于 1961 年声称，关于农家鱼塘和小型湖泊鱼类死亡的报告一直以每周至少一份的速度涌入，而且越报越多。该州内的类似损失通常都是因同样情形造成——农田施用杀虫剂，暴雨将毒剂冲入池塘——这样的状况多年来不断重演，早就见怪不怪了。

在世界某些地区，池塘鱼为人们提供了必不可少的食物。在这些地区使用杀虫剂却毫不顾忌对鱼类的影响会立刻造成麻烦。比如在罗德西亚，一种名为卡菲鲤的重要食用鱼类因为浅水池塘中喷洒了浓度仅为百万分之零点零四的 DDT，结果全部死光。其他许多杀虫剂即使剂量更小，也会致命。这种鱼类生存的浅水环境往往也是蚊虫滋生的理想场所。如何防治蚊虫，同时又能保住在中非地区饮食中占重要地位的鱼类，这个问题显然还未得到妥善解决。

在菲律宾、中国、越南、泰国、印度尼西亚及印度养殖的牛奶鱼也面临着类似问题。牛奶鱼通常被养殖在这些国家沿海地区的浅水池塘里。这种鱼的鱼苗会突然成群结队地出现在沿海水域（它们来自哪里没有人知道），于是就被人们打捞起来，放入圈起的养鱼池内让它们长大。对于以稻米为食的数百万东南亚人和印度人而言，这种鱼是重要的动物蛋白来源；有鉴于此，太平洋科学大会曾建议进行一次国际合作，共同寻找这种鱼目前还不为人知的产卵地，以便能大规模地开发这种鱼的养殖业。然而，允许喷洒杀虫剂却给现有的蓄养池造成了严重损失。在菲律宾，为防治蚊虫而进行的空中喷洒让那里的鱼塘主人付出了高昂代价。在其中一个养殖有十二万条牛奶鱼的池塘里，喷药飞机飞过后，超过一半的鱼死掉了，尽管其主人拼命地往池塘里注水以稀释毒药。

近年来最惊人的一次鱼类死亡事件于 1961 年发生在得克萨斯州首府奥斯丁下游的科罗拉多河河段。1 月 15 日是一个星期天，早上天刚亮，奥斯丁市内的新城湖及其下游 5 英里内的河段出现了死鱼，而前一天一切都还正常。星期一又传来下游五十英里的死鱼报告。至此，情况已经很清楚，一定是某种有毒物质正沿着河水顺流而下。到了 1 月 21 日，下游一百英里处的拉格兰奇附近也出现了死鱼，而一周后，这些化学物质已经赶到奥斯丁下游两百英里处大开杀戒了。在 1 月份的最后一个礼拜，近岸内航道的闸门被关闭，以阻挡有毒的河水进入马塔哥达湾，然后迫使其改道进入墨西哥湾。

而在此期间，奥斯丁的调查人员留意到一种气味，使他们联想起杀虫剂氯丹和毒杀芬来。这种气味在一处排水管道的排放口处尤为强烈，而这个排水管道过去一直因排放工业废料而麻烦不断。得克萨斯州渔猎委员会的官员从湖泊出发沿着管道顺藤摸瓜，结果发现一家化工厂的整个排污支线沿途所有出口都有类似六六六（六氯化苯）的气味，而这家化工厂主要生产 DDT、六六六、氯丹和毒杀芬，另外还有少量其他杀虫剂。化工厂经理承认，最近曾有大量杀虫剂粉剂被冲入排污管道；更值得注意的是，他还承认类似这样对溢出杀虫剂及其残留物的处理在过去十年中一直是常规措施。

经进一步排查，渔业官员发现其他工厂的杀虫剂也会被雨水或清洁用水带入排水沟。最后，整个连锁反应中的关键一环终于查到了：就在湖水和河水变成鱼类致命毒药的前几天，整个排水沟渠系统曾经用数百万加仑的水加压冲洗，以清理杂物。毫无疑问，这次冲洗将长期沉淀在砂石瓦块中的杀虫剂彻底释放，并带进了湖泊，继而又进入了河水。后来的化学测试证实了河水中的毒素。

大片的致命毒水沿着科罗拉多河顺流而下，死神随之而行。湖泊下游一百四十英里内的鱼肯定已经被几近杀光，因为后来人们曾用拖地围网打捞，试图查明有没有鱼儿侥幸逃脱，不过大网空空如也。经观察，死鱼的品种有二十七种之多，平均每英里河岸有高达一千磅的死鱼。其中有斑点叉尾鲶鱼——这条河里的主要垂钓鱼类，还有蓝鲶鱼、平头鲶鱼、大头鱼、四种翻车鱼、银鱼、鲮鱼、石鼓鱼、大嘴鲈、鲤鱼、胭脂鱼、亚口鱼，也有鳗鱼、雀鳝、河鲤、吸盘鱼、黄鱼和水牛鱼。其中有一些可谓河里的元老，一看尺寸便知年岁肯定很高了，许多平头鲶鱼重达 25 磅，据传闻还有当地居民沿河边捡到了一些 60 磅的鱼，而官方有记载的一条巨型蓝鲶鱼重达 84 磅。

渔猎委员会预测，即使没有进一步污染，这条河鱼类种群的现状恐怕很多年也难有任何改观了。有些品种本来已是生存在其自然分布范围的极限，这样一来恐怕永远也不可能回来落户了；其他鱼类要想恢复，也只能靠州政府大力发展蓄养工程了。

关于奥斯丁的鱼类灾难为人所知的也就这么多了，不过几乎可以肯定，其后果远不止于此。有毒的河水顺流而下，奔腾超过两百英里后，仍然具有致命的杀伤力；若任其流入马塔哥达湾内水域的话，就会危害那里的生蚝养殖场和养虾场，于是，这股毒流被改道，引入了开阔的墨西哥湾。可是，它在那里又会有什么后果呢？而且，还有其他大量河流携带着或许同样致命的毒物，它们又将如何呢？

目前，我们对此类问题的答案大体上只能靠推测，不过，人们已经开始越来越关注入海口、盐沼地、海湾区及其他滨海水域内的杀虫剂污染问题。这些地区不仅接纳了河流的污染排放，而且为了防治蚊虫或其他昆虫而被直接喷药的情况也是太稀松平常的事了。

说到杀虫剂给盐沼地、入海口以及所有围海引流而成的静水渔场内的生命带来的影响，没有任何地方比佛罗里达州东海岸印第安河流域的村镇更能生动地诠释了。1955 年春，那里的圣卢西亚县约两千英亩的盐沼地被施用了狄氏剂，目的是除掉沙蝇的幼虫。用药量为每英亩一磅的有效成分。水域内的生命遭遇了灾难性的后果。州卫生委员会昆虫学研究中心的科学家对喷药后的大灭绝进行了勘测，并报告说鱼类的死亡“基本上是彻底的”。岸上到处是死鱼，从高空俯瞰，可以看到鲨鱼群正在逼近，它们是被水里那些无助的、垂死的鱼类引过来的。没有任何一种鱼得以幸免，死掉的有胭脂鱼、剑吻鲈鱼、银鲈鱼、食蚊鱼。下文选自调查组成员 R.W. 小哈林顿和 W.L. 比德林梅尔的报告：

整个盐沼地直接被屠杀的鱼类加起来最少也有二十到三十吨，论数量至少是三十个品种的117.5万条，这还不包括印第安河沿岸的死伤数字。

软体动物似乎未受狄氏剂的毒害，但整个地区的甲壳类动物几乎完全灭绝，全部的水生蟹类显然已被摧毁，提琴手蟹几近覆灭，只是在一些明显被漏喷的小块沼泽地里暂时还有活着的。

较大的垂钓鱼类和食用鱼类是最先遇难的……蟹类坐收渔利，吃掉了半死不活的鱼，可是第二天它们自己也完蛋了。蜗牛不断吞食着鱼类尸体。两周后，死鱼及其残体便已尸骨无存。

同样惨烈的场面素描来自赫伯特·R. 米尔斯博士，当年他在佛罗里达对岸的坦帕湾做观察，因为全国奥杜邦协会在那里设立了一个海鸟保护区。但具有讽刺意味的是，在当地卫生机构开展了一项消灭盐沼地蚊虫的运动后，该保护区实际变成了一个避难所。鱼类和蟹类又一次成为主要牺牲品。提琴手蟹是一种小巧而别致的甲壳类动物，它们会在泥潭或沙滩上成群结队地爬过，简直就像放牧的牛群；它们对喷药完全没有抵抗力。经过夏秋两季连续喷药（有些地区甚至喷过十六次之多），对提琴手蟹的状况米尔斯博士是这样总结的：“截至目前，提琴手蟹日渐稀缺的态势已经很明显了。在目前这种大潮及今天（十月十二日）这样的天气条件下，本来应该可以看到大约十万只提琴手蟹才对，可是现在整个海滩举目四望，能看到的不超过一百只，而且都是老弱病残的；它们几乎不能爬行，个个都在颤抖、抽搐、跌跌撞撞；反观附近没有喷药的区域内，提琴手蟹却多得是。”

提琴手蟹在它所栖居的生态环境中占据着不可或缺、也不易添补的地位。它是多种动物的重要食物来源。沿岸浣熊以它为食，栖居在沼泽地的鸟类如铃舌秧鸡、海岸鸟，甚至一些来访的候鸟也都以它为食。在新泽西州的盐沼地喷过DDT后，笑鸥的正常数量几周内下降了85%，究其原因可能就是喷药后无法找到足够的食物。沼泽地提琴手蟹在其他方面也至关重要，如作为有用的食腐动物，或因其到处挖洞而使沼泽泥地得以透气，等等。它们还被渔民大量用作饵料。

提琴手蟹并不是潮汐沼泽地区和河口地区唯一遭受杀虫剂威胁的生物，还有其他对人类更具重要意义的生物也濒临危险，切萨皮克湾及大西洋沿岸某些区域著名的青蟹就是一个例子。这种蟹类对杀虫剂高度敏感，潮沼地区的小溪、沟渠或池塘里的每一次喷药都能杀灭大部分住在那里的青蟹。不仅本地蟹类会死亡，就连从海里游来的其他蟹类也会死于残存难消的毒药。有时中毒也可能是间接的，就如前述印第安河附近沼泽地里的情况一样——食腐的蟹类吃掉了死鱼，但很快自己也会中毒死亡。

关于龙虾受到的危害目前知之甚少，不过它们跟青蟹一样，同属节肢类动物，具有基本相同的生理特征，因此很可能也会遭受同样的影响。同理，作为人类食物而具有直接经济价值的石蟹和其他一些甲壳类动物也一样受害。

近岸水域，包括海湾、海峡、河流入海口、潮汐沼泽地等，构成了一个极其重要的生态单元。它们对于许多鱼类、软体动物和甲壳类动物的生存而言是如此关系密切、不可分割，以至于这里若是不再适合它们居住，那么这些海鲜就会全部从我们的餐桌上消失。

就算是沿海地区分布广泛的鱼类，其中很多也要依赖受到保护的近岸水域作为其产卵育苗的场所。比如，佛罗里达西海岸南段三分之一的区域内河流、运河星罗棋布，河岸两侧红树成林，海鲢的幼鱼在这片水域内便极其丰富。再比如，在大西洋海岸线上，众多的岛屿（或称“堤岸”）首尾相连，像一条保护链远远地围在纽约南部的海岸线外围，岛屿之间的狭长水道由沙质的浅滩相连，而这些浅滩正是海鳟鱼、叫鱼、石首鱼和鼓鱼产卵的理想去处。幼鱼孵出后，就被潮水推进了水湾。一旦进入这些海湾和海峡——包括克拉塔克海峡、帕姆利科海峡、博格海峡，等等，它们就能找到丰富的食物并迅速生长。若没有了这些层层保护而又食料丰富的温暖水域作为繁殖地的话，这些鱼类的种群以及其他许多鱼类恐怕都难以维系。然而，我们却眼睁睁地看着杀虫剂通过河水进入这些水域，并容许药物直接喷洒在连接这些水域的沼泽地里。这些鱼类在幼年阶段恰恰比成年后更加容易受到化学药物的毒害。

虾类也一样，需要依赖近岸的觅食区来养育幼苗。这个数量丰富而且分布广泛的物种支撑起了整个南大西洋和湾区各州[①]的商业性渔业。尽管它们的产卵地在海里，但是幼虾在几周大的时候就会进入河口或海湾内，在那里经历连续的蜕皮和体形的变化。它们从五六月份一直到秋天都会在那儿逗留，靠水底的腐质为食。在其近岸生活的整个期间，虾类种群的健康安宁以及它们所撑起的水产业的利润状况全部都取决于河口区域的条件是否适宜。

那么，杀虫剂会对虾类养殖业及其市场供应构成威胁吗？答案在商业性渔业管理局近期所做的实验室研究项目中可以找到。该研究发现，刚过幼年阶段的商业性幼虾对杀虫剂的抵抗力极其低下——低到只能以十亿分之几的浓度单位来计算，而不是更普遍使用的百万分之几的衡量标准。比如，在其中一次实验中，一半的受测幼虾死于浓度仅为十亿分之十五的狄氏剂溶液。其他化学品对它们而言毒性更强：比如异狄氏剂——向来都是最致命的杀虫剂之一，仅以十亿分之零点五的浓度便杀死了一半的幼虾。

---

① 湾区各州：美国濒临墨西哥湾的五个州，分别为：佛罗里达州、亚拉巴马州、密西西比州、路易斯安那州和得克萨斯州。

对于生蚝和蛤蜊来说，这种威胁更是倍加严重。同样，其幼年阶段是最脆弱的。这些贝壳类动物生存于海湾、海峡和潮汐河流的底部，从新英格兰到得克萨斯都有分布，另外太平洋海岸的近岸区域也有。虽然它们成年后是固定在某处不动的，但是它们会把卵排进海里，随后的几周内，其幼体是自由移动生存的。夏日里，拖在渔船后面的一张细孔眼拖网捞出的各种漂流植物及构成浮游生物群的各种动物当中，就会夹杂着许多小到无穷小、脆弱如玻璃的生蚝和蛤蜊的幼虫。这些透明的幼虫大小不超过灰尘微粒，它们在水面四处游荡，靠吃微小的浮游植物为生。如果那些微小的海洋植物衰败的话，那么这些贝壳类动物的幼虫就会饿死；而杀虫剂完全有可能摧毁大多数浮游生物。如今普遍用于草坪、耕地以及路边植被甚至滨海沼泽地的除草剂大多都对这些被软体动物幼虫用作食物的浮游植物毒性超强，有的仅需十亿分之几的药量就足够了。

脆弱的幼虫本身也会死于哪怕极少量的常用杀虫剂。而且即使受毒小于致死剂量，最终也会导致幼虫死亡，因为其生长必然会因此而迟滞；这样的话，幼虫在浮游生物的危险环境中生活的时间就会延长，那么它们存活到成年的概率自然就降低了。

对于成年的软体动物而言，直接中毒的危险显然小一些，至少某些杀虫剂是这样的。不过这也未必能让我们高枕无忧，因为生蚝和蛤蜊会将毒素储存在其消化器官和其他体内组织中，而这两种贝壳类动物通常都是被我们整个吞吃的，而且有时还会生食。商业性渔业管理局的菲利普·巴特勒博士曾做过一个不祥的类比：我们可能发现自身处境跟知更鸟完全相同。他提醒我们说，知更鸟并非直接死于DDT喷洒，而是因为吃了蚯蚓，而蚯蚓早已将杀虫剂浓缩于其体内组织。

虽然某些河流或池塘里曾有数以千计的鱼类和甲壳类动物直接而明显地死于用于防治害虫的农药喷洒，类似事件足以引人注意、令人警醒，但是，借由河流和溪水间接进入河口的杀虫剂之影响最终可能更具灾难性，因为这种影响往往是隐形的，大部分情况下都不为人知，也难以测量。目前的情况是问题重重，而且尚未找到令人满意的答案。我们都知道，农田和森林径流里含有的杀虫剂正在被许多甚至可能是所有的主要河流携带进入大海；然而我们却不知道这些化学品究竟什么成分、总量有多少，而且它们一旦进入大海，处于高度稀释状态时，我们短期内更是没有任何可靠的测试方法对其加以甄别。尽管我们都知道这些化学品在漫长的中转过程中肯定发生了变化，可是我们却不知道变化后的化学物质的毒性是更强了还是降低了。另外一个几乎未被涉足的领域是这些化学物质之间相互作用的问题，而这一问题现在变得尤为紧迫，因为一旦它们进入海洋环境，必然与那里的多种无机物混合和转化。所有这些问题都亟待得到精准回答，而唯有通过大量研究才有可能，然而用于这方面研究的经费却少得可怜。

淡水及海洋水产是一种极为重要的资源，关乎无数人的利益和健康。而它们已经受到侵入水体的化学药物的严重威胁，这一点也已是毋庸置疑了。哪怕我们从每年用于研发更毒化学制剂的钱中拿出一小部分，转而用于更有建设性的研究，我们就能找到办法使用危险性更低的物质，并阻止毒素进入我们的水道。究竟到何时，公众才能充分意识到这些事实，从而要求采取相应行动呢？

第十章　天降人祸

飞机喷药一开始仅在农田和森林上空小范围进行，可是范围逐渐扩大，药量也不断增加，以至于英国一位生态学家最近将其称为洒向地球表面的“惊人的死亡之雨”。我们对毒药的态度经历了一种微妙的变化。曾几何时，它们都被锁在盒子里，上面标着骷髅头和交叉人骨；偶尔用到它们的时候，也会注明务须极其谨慎，只能用于直接目标，严禁滥用。可是随着新型有机杀虫剂的发展，再加上第二次世界大战后飞机过剩，所有这一切禁忌都被抛诸脑后了。尽管如今的毒药比从前已知的任何一款都更加危险，可是不可思议的是，它们居然成了可以随意从空中倾泻而下的东西。不单是目标昆虫或植物，而是处在这些化学沉降物覆盖范围内的任何生物——人类也好，非人类也罢，都将领教触碰它们的凶险。如今的喷洒已经不仅仅针对森林和农田，城市和乡镇也同样在劫难逃。

将致命的化学物质用飞机喷洒到大片土地上，对此很多人现在已经开始产生忧惧，而 20 世纪 50 年代末进行的两次大规模喷药行动更是加重了人们的疑虑。两次行动的目标分别为东北部各州的吉卜赛蛾（又称舞毒蛾）和南方的火蚁。二者都非本土昆虫，不过都已在这个国家生存了多年，而且从未制造过需要采取极端措施的状况。然而，在长期指导我们农业署害虫防治部门的理念——为达目的可以不择手段的原则下，我们还是对它们悍然发动了猛烈攻击。

吉卜赛蛾项目表明，当不计后果的大规模施药取代了局部地区的、适度的防控方案后，将会造成多么巨大的损害。对付火蚁的行动则是一个恶意夸大防控必要性而贸然行动的最经典例证，是在完全没有科学地了解摧毁目标所需的剂量，以及对其他生物有何不良后果的情况下就鲁莽开战的。结果，这两大项目均未达成预期目标。

吉卜赛蛾原产欧洲，但进入美国已近百年。1869 年，一位法国科学家利奥波德·特鲁维罗在马萨诸塞州梅德福市的实验室里研究如何将这种蛾与蚕蛾杂交时，其中几只蛾意外从实验室里飞了出去，结果吉卜赛蛾一点点地发展至遍及新英格兰地区。导致它大肆传播的首席媒介是风，因为这种蛾的幼虫（即毛虫阶段）非常轻，可以被风吹到相当的高度和超远的距离。另一种途径是在运输的植物中可能携带的大量虫卵——它们在冬季是以这种形式生存的。吉卜赛蛾的幼虫每年春天会连续数周攻击橡树及其他几种阔叶树的叶子，如今在新英格兰地区的各州都有这种蛾出现。另外，在新泽西州也有零星发现，来源是 1911 年从荷兰进口的云杉树；密歇根州也有，不过来源尚未查清。1938 年的新英格兰飓风又将其带入宾夕法尼亚州和纽约州，不过其西进的行程到此基本打住了，因为阿迪朗达克山脉成了它们的天然屏障，那里生长的树种不合它们的口味。

将吉卜赛蛾限制在美国东北角的任务已通过多种方法得以实现，在其进入这块大陆的近百年历史中，从未有过任何充分理由担心它会入侵南阿巴拉契亚山脉的大片阔叶森林。首先，从国外引进了十三种寄生昆虫和捕食类昆虫，并已在新英格兰地区成功落户。农业署自己也已经认定，吉卜赛蛾大规模爆发的频率及破坏性都已大幅降低，并将此归功于这些天敌的引进。这种自然控制法，再加上检疫措施和局地喷药，已经基本实现了该署于 1955 年宣称的“明显限制了吉卜赛蛾的扩散及危害”这一目标。

然而，在宣布了上述情况后仅一年，农业署的植物病虫害防治部门便开展了一个新的项目，要求每年对数百万英亩的土地进行地毯式喷洒，扬言欲最终“铲除”吉卜赛蛾。（“铲除”的意思是将某一物种从其整个分布区域彻底而终极地灭绝或斩草除根。然而，随着项目的接连失败，农业署不得不接二连三地宣布要在同一个地区、针对同一害虫实施“铲除”。）

农业署一开始便拉出了雄心勃勃的架势，要竭尽全力地发动这场针对吉卜赛蛾的化学大战。1956 年，近一百万英亩的土地就被喷了药，覆盖了宾夕法尼亚州、新泽西州、密歇根州和纽约州。喷药地区人民怨声载道，环保人士更是越来越不安起来，因为大面积喷药已成模式，大有为自己“正位”之势。1957 年，又有三百万英亩的土地被宣布纳入喷药计划，反对的呼声更高了。然而，联邦及各州农业官员一贯对此耸耸肩不以为然，权当是些无足轻重的个别抱怨。

1957 年纳入喷药项目的长岛地区包括许多人口稠密的城镇和郊区，还有一些与盐沼地接壤的海滨地区，其中纳苏县是纽约州除纽约市以外定居人口最为稠密的郡县。“纽约大都会区遭受了害虫侵染的威胁”居然被列为项目合理性的重要辩护依据，荒谬到如此高度似乎也叹为观止了。吉卜赛蛾是一种森林昆虫，显然不是城市的住户，它们也不会生活在草地、农耕田、花园或者沼泽地里。尽管如此，美国农业署和纽约州农业及市场部雇用的飞机还是在 1957 年将开好的药方——DDT 燃油溶液——不偏不倚地倾泻而下：药液洒遍了蔬菜园和奶牛场、鱼塘和盐沼地；它们洒向了郊区一户居民仅四分之一英亩的小花园，家里的主妇拼了命地试图在轰隆隆的飞机飞临之前将那可怜的小花园盖住，自己却被淋了个透；它们还洒向了正在玩耍的孩子们和通勤车站等车的上班族。在锡托基特，一匹上好的夸特马[1]在刚刚被飞机喷过药的水槽边喝了一口，十个小时后一命呜呼。汽车被油混

① 夸特马：一种赛马，善于短距离冲刺，常用于四分之一英里比赛。

溶液淋得油渍斑斑，鲜花和灌木彻底毁灭，鸟儿、鱼儿、螃蟹和有益昆虫统统毙命。

一群长岛居民在世界知名鸟类学家罗伯特·库什曼·墨菲的带领下，曾经试图寻求一项法庭禁制令，以阻止 1957 年的喷药计划。临时禁制令申请被驳回后，抗议的居民只得眼睁睁地看着原定的 DDT 漫天而下。可是之后，他们仍然坚持努力，以期获得一项永久禁制令。但是由于行动已经执行，法庭坚持认为禁制令的请求已经“无实际意义”。该案一路上诉到最高法院，却被拒绝受理。威廉·O. 道格拉斯律师对拒绝审理此案的决定表达了强烈异议，他坚持认为“许多专家和有责任感的官员都对 DDT 的风险提出了警示，足以说明本案对民众的重要程度”。

无论如何，长岛居民提起的诉讼至少起到了唤起公众注意的作用，人们由此开始关注杀虫剂的使用日益扩大的趋势，以及防控部门无视本该神圣不可侵犯的公民私有财产权的权利。

防治吉卜赛蛾的喷药过程中，牛奶及其他农产品被污染对很多人而言是件令人吃惊的不幸事件。纽约州威彻斯特郡北部两百英亩的沃勒尔农场发生的一切颇有代表性。沃勒尔夫人曾特地请求农业署官员不要在她的土地上喷药，但是在给林地喷药的同时不可能避开她的牧场。她答应会找人自查，一旦发现吉卜赛蛾，一定会通过局部喷药将其消灭。尽管她得到保证，农场是不会被喷药的，可是她的整个地产还是被直接喷洒了两次，而且另有两次遭受了飘散过来的药剂。四十八小时后，取自沃勒尔农场纯种格恩西奶牛的奶样中含有的 DDT 药量为百万分之十四。奶牛牧区的草料取样当然也显示受到污染。尽管这个郡的卫生部门得到了书面告知，但是没有发出该牛奶不能上市销售的指令。这一情形是缺乏消费者保护机制的典型后果，很不幸，这种情形太普遍了。尽管食药监局不允许牛奶中含有杀虫剂残留，但这种限令不仅监管不力，而且只适用于州际贸易。联邦杀虫剂容差界值对各州内部及郡县官员没有强制力，除非该州当地法律碰巧与联邦规定一致——而实际上很少如此。

蔬菜园主也深受其害。某些绿叶蔬菜严重灼伤，枯斑点点，根本无法上市出售了。其他蔬菜农药残留严重，一批豌豆取样经康奈尔大学农业实验站检验分析，DDT 含量为百万分之十四至百万分之二十，而规定的最高值为百万分之七。也就是说，菜农要么被迫蒙受严重损失，要么就得明知产品带有超标残留而冒险出售。也有些人试图寻求损害赔偿。

空中喷洒 DDT 的情况越来越多，法庭上提起的诉讼案也随之增多。其中就有纽约州多地养蜂人提交的诉状。甚至在 1957 年大喷药行动之前，这些养蜂人就曾因为果园施用 DDT 而损失惨重，其中一个人愤愤地说："直到 1953 年之前，我还一直将出自美国农业署和各农学院的一切说法都奉为真理。"可是就在那一年的 5 月份，州政府给一大片区域喷药后，这个人一下子损失了八百个蜂群。当时的损失范围之广、程度之重，促使另外十四名养蜂人跟他一起联名起诉州政府，要求赔偿二十五万美元的经济损失。另外一位养蜂人在 1957 年的喷药行动中有四百个蜂群意外受害。他报告说，在森林区域，百分之百的蜜蜂场力（即外出采集花蜜和花粉的工蜂总数）死了个片甲不留，而在喷药相对较轻的农耕区，死亡也高达百分之五。他写道："5 月份里走进院子，却听不到一声蜜蜂嗡嗡，这是多么痛苦的一件事。"

控制吉卜赛蛾的项目充斥着各种不负责任的行为。由于喷药飞机的佣金是根据施药的加仑数而不是施药面积来支付的，于是没有理由小里小气，许多地块都被喷洒了远不止一次。空中作业的合同至少有一例可以确知是签给了一家外州的公司，在本州没有注册地址，而这么做是不合法的——法律规定签约公司必须在本州内有注册登记，以便确立法律责任。在这么一种极其棘手的局面下，那些因苹果园或蜜蜂遇难而蒙受直接经济损失的公民却发现，他们不知道该去状告谁。

经过 1957 年那场灾难性的喷药行动后，该项目被硬生生地大幅缩减了，官方的解释含糊其词，说什么是为了"评估"先前的工作，并测试替代杀虫剂。1957 年喷药的面积达到三百五十万英亩，而 1958 年锐减到五十万英亩，此后三年又降到了十万英亩。在此期间，防控部门肯定收到了来自长岛的令人不安的消息——吉卜赛蛾尽数回归。这项代价高昂的喷药行动本打算永久铲除吉卜赛蛾，结果除了使农业署痛失公众的信任和亲善外，事实上一无所获。

与此同时，农业署植物病虫害防控中心的人员已经把吉卜赛蛾一事暂时抛诸脑后，因为他们已经转战南方，忙着去发起另外一场更加雄心勃勃的项目了。“铲除”一词又一次从农业署的油印机里轻松付印；只不过这一次的新闻稿变成了铲除火蚁的承诺而已。

火蚁这种昆虫，顾名思义，叮一下会火辣辣地痛。它应该是从南美经由亚拉巴马州的莫比尔港进入美国的，早在第一次世界大战结束后不久就在那里发现了。到 1928 年，它已经遍及莫比尔四郊，此后又不断蔓延，如今已经侵入了南方的大部分州。

火蚁进入美国已经四十载有余，绝大部分时间里，它似乎一直默默无闻。在火蚁数量最多的几个州里，人们确实挺讨厌它，主要原因是它堆建的巢穴或称土堆足有一英尺甚至更高；这些土堆可能会妨碍农机作业。不过只有两个州将它纳入二十大害虫之列，而且只是位于清单末尾而已。官方也好，百姓也罢，似乎没有谁担心火蚁可能对庄稼或牲畜构成什么威胁。

可是，随着具有通杀能力的化学农药的研发，官方对待火蚁的态度突然转变。1957 年，美国农业署发起了史上最引人注目的一次宣传攻势，火蚁突然之间就成了众矢之的，官方数据发布、动画电影制作和政府授意的新闻报道纷纷瞄准它火力全开，把它描述成了南方农业的蚕食者，杀害鸟类、牲畜和人类的凶手。于是，一场大规模的战役正式宣战，联邦政府将在战役中与受尽折磨的南方九州精诚合作，誓要扫荡完两千万英亩的九州土地。

1958 年，火蚁项目正式启动，一家业内杂志兴奋地报道说：“美国农业署实施的大规模灭虫项目不断增加，国内杀虫剂生产商似乎发掘了一座销售金矿。”

从来没有一次灭虫项目如此彻头彻尾而又罪有应得地遭到千夫所指、人神共咒了，当然，这座“销售金矿”的受益者除外。它是整个昆虫防控大战历史上所有计划不周、执行拙劣、从头到尾有百害而无一利的失败尝试之杰出典范，这次尝试代价如此高昂——耗费了巨资、残杀了动物生命、使农业署丧尽了民心，可是居然还会有资金源源不断地投入，简直令人匪夷所思。

最初赢得国会支持的那些陈述说辞后来均被证明纯属无稽之谈。火蚁被描述成是南方农业的最大威胁，因为它们破坏庄稼，对野生动物的威胁在于它们会攻击地面筑巢的鸟类之幼鸟；它们的叮咬也被说成是对人类健康的严重威胁。

可是这些说辞有几分合理性呢？为了获得财政拨款，农业署证人的陈词与其官方核心出版物上的内容居然大相径庭：1957 年的农业署公告《杀虫剂推介……之关于攻击庄稼及牲畜的昆虫之防治》中，根本没有提及火蚁——若是该署相信自己的宣传的话，那么这个遗漏太离奇了；再说，该署出版的百科全书性质的《年鉴》1952 年版为昆虫专刊，在其洋洋洒洒五十万字的论述中，有关火蚁的文字却只有短短一小段。

同这种昆虫打交道最密切的亚拉巴马州农业试验站经过长期细致的研究，得出的结论却与农业署无凭无据地指责火蚁破坏庄稼、攻击牲畜的说法截然相反。根据亚拉巴马州科学家的说法，它们“对庄稼的危害是很少见的”。亚拉巴马州理工学院昆虫学家、1961 年当选美国昆虫学会主任的 F.S. 埃伦特博士明确声明，他的部门“在过去五年中从未收到过一份有关火蚁毁坏植物的报告……没有人观察到牲畜受到其伤害”。这些真正在野外及实验室里观察过这种蚂蚁的人说，火蚁主要食用的是多种昆虫，其中许多还被认为对人类有害。比如，有人观察到火蚁从棉田里拣食棉籽象鼻虫的幼虫。它们的堆土筑巢行为还有为土壤通气、促进排水之功效。亚拉巴马州的研究成果也已经得到密西西比州立大学调查结论的有力证实和补充，而这些远比农业署的证据令人信服得多，因为很显然，该署的证据要么基于跟农民的交谈，要么来自老旧的研究；可是农民完全有可能把一种蚂蚁误认作另外一种蚂蚁。而且一些昆虫学家相信，这种火蚁的摄食习惯早已随着其数量的增多而发生改变，就是说，几十年前所做的观察如今已经几无价值可言。

至于火蚁对人类健康和生命的威胁一说在相当程度上亦属“欲加之罪”。农业署为了获得灭虫计划的支持而赞助拍摄了一部宣传电影，围绕火蚁的叮咬炮制了多组恐怖镜头。不可否认，这种叮咬确实很痛，您最好还是尽量别被刺到，就像您会躲避黄蜂或蜜蜂的叮刺一样。敏感人群也可能偶尔会有剧烈反应，而且医学文献记载过一例死亡病例可能是由于火蚁的毒液造成，不过未经证实。而相比之下，人口动态统计局仅 1959 年就记载了三十三例因蜜蜂和黄蜂蜇咬导致的死亡病例，然而，似乎从未有人提议要铲除这些昆虫。

再说，当地的证据是最具说服力的。尽管火蚁定居亚拉巴马州已逾四十载，且在此地最为集中，可是该州卫生专员称“亚拉巴马州从未有过人类因这种外来火蚁叮咬而死亡的病例记载”，并认为因火蚁叮咬导致的普通病例亦属“偶发事件”。草坪或者操场上筑起的蚂蚁巢穴有可能使儿童被蜇，可是以此为借口就对数百万英亩的土地喷洒毒药似乎太过牵强，此类情形只需对个别巢穴单独处理便可迎刃而解。

火蚁对猎鸟的危害也是毫无实证的杜撰。对此问题最有发言权的人非莫里斯·F. 贝克博士莫属了。他是亚拉巴马州奥伯恩市野生动物研究中心主任，而且具有多年本地区工作经验；可是贝克博士的观点与农业署的说法截然相反。他宣布：“在亚拉巴马州南部及佛罗里达州西部区域，我们拥有极好的猎鸟条件，而且美洲鹑种群跟大量外来的火蚁种群一直共存……从亚拉巴马州南部出现火蚁至今已近四十年，猎鸟的种群数量一直呈稳步且相当可观的增长。显然，如果这种外来火蚁真的严重威胁本地野生动物的话，那么这种情况是不可能存在的。”

对付火蚁的杀虫剂将会给野生动物带来什么影响，这又是另外一个问题了。该项目使用的是狄氏剂和七氯，均为相对新型的药物；其中任何一种都几乎没有实地施用的经验，也没有人知道它们被大规模施用的情况下会给鸟类、鱼类或者哺乳动物带来什么后果。不过，有一点是已知的：这两种毒药的毒性都超过 DDT 许多倍，而 DDT 此前已被使用大约十年，且仅以每英亩一磅的药量便已毒杀某些鸟类及许多鱼类；而此次施用的狄氏剂和七氯药量反而更高——多数情况下是每英亩两磅，如需同时防控白边甲虫的话，则会施用三磅的狄氏剂。就其对鸟类的效力而言，每英亩地规定使用的七氯药量相当于二十磅 DDT，而狄氏剂的药量更是相当于一百二十磅的 DDT！

多州环保部门、全国性环保机构以及生态学家，甚至包括某些昆虫学家发动了多起紧急抗议活动，并要求时任农业部部长以斯拉·本森暂时推迟该项目，至少等到做过一些研究以确定七氯和狄氏剂对野生及家养动物的影响，并确定控制火蚁所需的最低药量之后再行实施。可是，所有抗议均被置若罔闻，该项目于 1958 年悍然启动。第一年，一百万英亩的土地已被施药。很显然，无论再做什么研究，说到底也只能算开棺验尸了。

随着该项目继续开展，各州和联邦野生动物机构以及多所大学的生物学家所做的研究项目收集到的事实证据也越来越多。这些研究项目显示，某些施药地区野生动物死亡率一路飙升，最高已致完全灭绝。家禽、家畜和宠物也被毒杀。农业署却以“夸大”和“误导”为由，将所有的证据一笔抹杀。

然而，事实证据仍在不断累积。比如，在得克萨斯州哈丁县，负鼠、犰狳和大量浣熊在喷药后几近消失，甚至直到施药后的次年秋天，这些动物仍然寥寥无几；当时在该地区发现的仅有的几只浣熊体内组织中均含有农药残留。

施药地区发现的死鸟均已吸收或吞吃了用来对付火蚁的毒药，这一事实通过对其体内的化学分析已经得到确证。（唯一有一定数量残存的鸟类是家麻雀，其他地区也有一定证据表明它们可能相对具有免疫力。）在亚拉巴马州一块土地上，1959 年喷药后，半数鸟类死亡。地面活动或喜欢出没于低矮植被的鸟类达到了百分之百的死亡率。甚至在施药一年后的春天，全部鸣禽依旧绝迹，大部分从前的理想筑巢区都悄无声息、空空如也。在得克萨斯州，许多鸟巢里发现了死亡的燕八哥、美洲雀和草地百灵，还有许多则是鸟去巢空。取自得克萨斯州、路易斯安那州、佐治亚州和佛罗里达州的死鸟样本被送交鱼类及野生生物管理局进行检验分析，结果发现超过 90% 的样本都含有狄氏剂或七氯某种形式的残留，残留量高达百万分之三十八。

在路易斯安那州过冬而在北方繁殖的丘鹬，如今体内也被杀灭火蚁的毒药感染，其感染源显而易见：丘鹬大量食用蚯蚓，它们可以用细长的鸟喙轻易找到这一美食；而路易斯安那州施药后六到十个月仍然残存的蚯蚓经检测，体内组织的七氯浓度达到百万分之二十，而且一年后仍然高达百万分之十。丘鹬体内的中毒症状虽尚不致命，但其后果目前已是初见端倪——火蚁喷药项目开始后的第一季，便能察觉到幼鸟与成鸟的比例已经显著下降。

对南方的狩猎者而言，关于北美鹑的一些消息最令人不安。因为在地面筑巢和觅食，这种鸟类在喷药区几乎已被根除。比如在亚拉巴马州，野生动物合作研究中心的生物学家对实施喷药的三千六百英亩区域内的鹑类种群进行了一项初步普查，该区域内分布有十三个鸟群共计一百二十一只鹌鹑；喷药后两周发现全部死亡。送往鱼类及野生生物管理局进行分析的所有样本均测出了剂量足以致其死亡的杀虫剂。得克萨斯州的情形与亚拉巴马州如出一辙，两千五百英亩施用过七氯的区域内，全部鹑类死亡；另有 90% 的鸣禽也随鹌鹑死去了。同样，分析表明死鸟体内组织中含有七氯。

除了鹑类外，野生火鸡也因扑灭火蚁的计划而严重减损。施用七氯前，亚拉巴马州威尔科克斯郡一个区域内共计有八十只火鸡，施药后的那个夏天就一只也不剩了——更精确地说，除了一窝未孵化的鸟蛋和一只死掉的雏鸟，一只也不剩。野生火鸡的同胞兄弟——驯养火鸡大概也跟它们同病相怜，因为施药区域内的农场火鸡产蛋减少，能孵化的蛋少之又少，孵出的幼鸡更是几乎没有存活。这一情形在附近未施药地区并未发生。

火鸡的命运绝非为其独有。美国最知名并备受尊敬的生物学家克拉伦斯·科塔姆拜访过一些施药区的农户。除了谈到施药后“所有树林小鸟”全部消失外，多数农民都反映了牲畜、家禽及家养宠物的死亡。科塔姆博士报道说，有一个人“对喷药工人气愤不已。因为他说他亲手埋葬或以其他方式处理了十九头中毒而死的奶牛尸体，而且他还听说过另外三四头牛也死于同样原因。自出生后只吃过奶的小牛犊也都死掉了”。

科塔姆博士拜访过的人对于施药后这几个月里发生在他们土地上的一切个个感到困惑不已。一个女人告诉他，在周围土地喷过药后，她安排了几只母鸡趴窝孵蛋，可是“她不理解为什么很少有小鸡孵出或者存活下来”。另外一位农民是养猪户，“喷药后整整九个月，他没有养出一头小猪，每一窝猪崽儿要么生下来就是死胎，要么出生后便夭折”。另外一位养殖户也有类似报告，他说他本来有三十七窝小猪崽儿，预计头数可达二百五十头，结果只有三十一头小猪存活下来。此外，还是这个人说，自从土地施药以来他再也养不成鸡了。

自始至终，农业署就是断然否认牲畜死亡与火蚁项目有关联。然而，佐治亚州班布里奇的一位曾受邀处理多起受害动物病例的兽医奥狄斯·L. 伯特温博士却认定，死亡均为杀虫剂所致，并总结了如下理由：火蚁项目施药后两周至数月期间，牛、山羊、马、小鸡、鸟儿以及其他野生动物均开始患上同一种通常是致命的神经系统疾病；该病仅侵染曾经接触过受污染食物或水源的动物，而圈养动物未受侵染；该状况仅在火蚁施药地区出现；实验室检测均无其他病灶；伯特温博士及其他兽医所观察到的症状均与权威文献中描述的狄氏剂或七氯中毒症状完全吻合。

伯特温博士还描述了一个有趣的病例：一头只有两个月大的小牛犊表现出七氯中毒的症状，于是接受了彻底的实验室检测，但唯一重大的发现是，在它的脂肪组织内，七氯含量达百万分之七十九，可是当时已是喷药结束五个月之后了。那么，小牛犊是吃草时直接感染呢，还是因喝了母牛的奶而间接受毒，抑或是在出生前就已感染？伯特温博士继而又问："如果是来自牛奶，为什么没有采取任何特殊预防措施，保护那些饮用当地牛乳的孩子们？"

伯特温博士的报告还提出了一个关于牛奶污染的重大问题。纳入火蚁项目的地区主要都是田野和耕地，那么在这些土地上放牧的奶牛会怎么样呢？施过药的区域内，草料不可避免地会含有某种形式的七氯残留，如果这些残毒被奶牛吃进去，那么毒素就会出现在牛奶里。七氯可以直接转入牛奶的事实早在1955年对七氯进行实验室研究时就已经得到证实，当时火蚁防控项目还远未开始；后来对狄氏剂的测试也有同样报道，而这个也是火蚁项目的用药之一。

农业署的年刊中，七氯和狄氏剂如今赫然出现在会使草料不适合产奶动物及肉用屠宰类动物食用的化学品之列，然而，该署的昆虫防治部门大力推行的项目却将七氯和狄氏剂喷遍了南方牧区的大片土地。谁会来保护消费者，确保狄氏剂或者七氯残留不会出现在牛奶当中？美国农业署一定会说，他们已经忠告农户，确保奶牛在施药后三十天到九十天内不得进入施药牧场。可是想想那些农场规模之小，以及喷药项目规模之大——毕竟大部分的药物都是飞机喷洒的——那么此等建议是否会被采纳，甚至是否具有采纳的可行性，恐怕都令人生疑吧。况且，考虑到残留物作用持久这一性质，那么规定的时限恐怕也远远不够吧。

食药监局对于牛奶中杀虫剂残留的存在尽管不满，怎奈对此局面权责有限。这是因为，在大部分纳入火蚁项目的州中，乳品工业规模都较小，其产品也不会跨越州界；就是说，联邦级别的项目所危及的乳品供应问题如何加以保护，只能由各州自己说了算。1959 年对亚拉巴马州、路易斯安那州和得克萨斯州的卫生专员或其他相关部门官员所做的问卷调查表明，此类检测从未进行过，而且牛奶是否被杀虫剂污染根本就不得而知。

话说回来，火蚁防控项目启动后，还真有人进行了有关七氯特性的深入研究。或许更准确地说，应该是有人查阅了早就出版的研究成果；因为，终于促使联邦政府做出亡羊补牢之举的基本事实，早在数年前就已经被发现了，按理说本来是可以左右该项目最初之运作的。这个事实就是，七氯在动植物体内组织或者土壤中滞留一小段时间后，便会以另外一种毒性更大的形式呈现，或称环氧七氯。所谓环氧化物，通俗说来，就是因风化作用而产生的氧化物。这种转化过程的发生其实早在 1952 年就已为人所知，当时食药监局发现，雌鼠被喂食浓度为百万分之三十的七氯后仅两周，其体内便会贮存这种毒性更强的环氧化物，浓度高达百万分之一百六十五。

这些事实终于在 1959 年得以昭告天下，从此走出了晦涩难懂的生物学文献。食药监局立刻采取了行动，并立竿见影，食品中被禁止携带七氯及其氧化物的残留。这一裁决至少暂时阻止了火蚁项目，尽管农业署还在为火蚁防控不断地索要年度财政拨款，但是各地的农业经纪人却越来越不愿意推荐农户使用化学农药，因为这样做也许会造成他们的农作物不能再合法上市销售之恶果。

简言之，农业署在启动项目前，根本没有对其即将使用的化学药物做最起码的调查，甚至连既有信息尚不了解——或者说，即使做了调查，也对调查结果选择了无视。它肯定也没有做任何前期研究，以确定达成目标所需的最小药物剂量。经过三年大剂量施药后，它于 1959 年硬生生地将七氯的施药比例从每英亩 2 磅降至 1.25 磅，随后又降至每英亩 0.5 磅，并分两次施用，每次仅施 0.25 磅，且两次间隔三到六个月。该署的一名官员解释说，“一项锐意进取的方法改进计划”表明低剂量同样有效——倘若这一信息在项目启动之前就获得的话，一大半的损失本来是有可能避免的，而且纳税人本来也可以节省一大笔钱。

1959 年，或许是为了缓解民众对该项目日益不满的情绪，农业署承诺为得克萨斯州的农场主免费提供药物，条件是要对方签署一项免责声明，同意免除联邦、州及地方政府一切损失赔偿责任。同年，亚拉巴马州政府对化学农药造成的损害深感震惊和愤怒，因此拒绝再为该项目拨出任何款项。其中一位官员将整个项目的特征总结为“失策、仓促、毫无规划，横行霸道、恣意践踏其他公共及私人机构权责之明晃晃的实例”。尽管没有了州财政的资金，可是联邦拨款还是如涓涓细流般注入亚拉巴马州，1961 年，立法机关居然又被游说成功，拨出了一小笔经费。与此同时，路易斯安那州的农民也显得越来越不情愿参加该项目，因为很明显，使用农药杀灭火蚁的行动正在导致危害甘蔗田的害虫数量激增。而且，该项目显然一无所成——对于此等悲惨状况，路易斯安那州立大学农业试验站昆虫学研究中心主任 L. D. 纽森博士于 1962 年春所做的总结可谓简单明了、一语中的：“由联邦机构和州政府实施的外来火蚁‘根除’项目至此宣告彻底失败。如今，路易斯安那州遭受虫灾的面积超过了项目启动之前。”

转而采纳更理智、更谨慎做法的倾向似乎开始形成。佛罗里达州曾报道说“本州现在的火蚁数量多于控制项目开始之初”，因而宣布将放弃任何大面积除虫的计划，转而专注于局地防控。

行之有效而又节约成本的局地防控法早就为人所知。由于火蚁的筑巢习性，针对个别巢穴做单独处理简便易行，且这种处理方法的成本约为每英亩一美元。至于在蚁巢数目众多、机械化方法更可取的情形下，密西西比农业实验站已经研发了一款耕作机，它可以先将蚁巢铲平，然后再将药物直接施用。该方法对这种蚂蚁的控制率可达 90% 到 95%，而成本仅为每英亩 0.23 美元。而农业署的大规模防控项目之成本却高达每英亩 3.5 美元——成本最高，危害最大，而收效却最小。

第十一章　超越波吉亚家族的梦想

我们这个世界的污染并非只是大规模喷药所致。事实上，对我们绝大多数人而言，这反倒没有我们日复一日、年复一年地接触到的无数小剂量毒剂更值得重视。正如滴水可以穿石一样，人类与危险化学品这种从生到死的接触最终可能带来严重的危害。每一次的重复接触，不管有多轻微，都会使化学药物在我们体内逐渐蓄积，并最终导致累积性中毒。大概没有人能够不被这种日益扩散的化学污染所影响，除非他生活在一个想都想不到的最与世隔绝的环境中。花言巧语、软磨硬泡、推波助澜，面对这些推销手段的诱骗，普通老百姓很少能意识到自己正在用有毒物质将自己团团围住；事实上，他们可能根本没有意识到自己是在以身试毒。

毒药时代已是如此彻底地深入人心，以至于你随便走入一家商店，连问都不会问一句就会购买的物品，其致死的能力却远高于隔壁药房里的医用药品，可是在那儿，你至少还会被要求签署一份“药品毒性知情书”。随便在任何一家超市花上几分钟研究一下，也足以令最大无畏的顾客胆寒——当然，前提是他对自己选择的物品有一点最起码的化学基础知识。

假如在杀虫剂商品部上方悬挂一幅巨大的骷髅头与交叉人骨图案

的话，或许顾客进入时至少会略带一点人家作为致死物质应该得到的起码尊重。可实际上呢？整个布景反而充满家的温馨和愉悦：一排接一排的杀虫剂整齐摆放，过道对面就是咸菜和橄榄，紧挨着的货架上就摆着沐浴和洗衣用的肥皂。装在玻璃容器里的化学品就摆在儿童好奇的双手轻松可及之处，一旦被某个孩子或是粗心的成人碰倒在地，附近的每一个人都可能被这种曾经令施药工人瞬间进入抽搐状态的同一化学品溅满全身。类似危险当然也会跟随购买者直接进入他的家中。比如，一罐含有 DDT 的防蛀材料会在外包装上以极其细小的字体印着一则警告，说明其内装产品为高压罐装，如若暴露于高温或明火之下可能爆炸。有一种普通家用杀虫剂名曰氯丹，号称可以配合多种厨房用途。然而，食药监局的首席药理学家已明确宣布，住在喷洒过氯丹的房子里，其危险性是“极高的”。其他一些家用制剂甚至含有毒性更强的狄氏剂。

含毒的厨房用品个个被造得美观诱人、简便易用。橱柜隔板纸看上去洁白无瑕，或是染了颜色以配合家装配色方案，实际上却有可能浸满了杀虫剂，不是单单一面，而是两面都有。如何杀虫？制造商给我们备好了自助手册，只需轻松一按按钮，随便谁都能将狄氏剂喷雾施入根本够不着的角落，或者橱柜、墙角和壁板的缝隙。

要是我们自身受到什么蚊子、跳蚤或者其他有害昆虫的困扰，我们的选择多得是：各种清洗液、乳膏、喷剂，随便你洒在衣物上还是涂到皮肤上。尽管我们会被警告，其中某些产品可以将漆面、油彩液化，可以使合成纤维分解，可是想必我们应该推断人类的皮肤却是这种化学品所无法渗透的。为了确保我们能够随时随地做好击败昆虫的准备，纽约一家专营店推出了一款袖珍杀虫喷雾器，可以轻松放进手包，或者什么沙滩包、高尔夫球套、渔具包也随你。

我们可以给地板涂上一种蜡，包你能让爬上来的昆虫死光光。我们可以把浸满林丹的布条挂进衣橱和衣服罩子，要么把它们放进衣柜抽屉也行，包你半年内蛀蠹无忧。广告里绝无半句提示林丹危险；一款可以排放林丹气雾的电子设备也一样——我们仅被告知，它安全、无味。然而事实的真相是：美国医疗协会认定林丹雾化器极其危险，甚至在其杂志专刊上开展了长期的抵制活动。

农业署在某一期的《家居与园艺简报》上建议我们可以用DDT、狄氏剂、氯丹或者其他数种蛀虫杀手之一制成油混溶液，喷在衣物上；该署还说，若是喷得过多而在织物表面留下杀虫剂的白色沉淀物的话，只需轻轻一刷即可去除；不过在哪儿刷、如何刷以及提醒我们小心之类的话全都只字未提。所有这一切料理完毕，我们终于可以结束这完满的一天了，不过别忘了睡觉时盖上浸过狄氏剂的防蛀毛毯哦。

园艺如今已经和这些超级毒剂密不可分了。每个五金店、园艺用品店和超市都摆满了一排排的杀虫剂，可以满足你能想得到的任何一种园艺情境之需。这一系列的致命喷剂和粉剂你要是没有全部利用上的话，那就表明你已经落伍了，因为几乎每一份报纸的园艺专栏及绝大多数的园艺杂志都认定，使用这些药剂是理所当然的事。

甚至快速致死的有机磷类杀虫剂也已经如此普遍地施用于草坪和观赏植物，以至于佛罗里达州卫生局于1960年认定，有必要禁止杀虫剂在居民区的商业性应用；任何人若要使用，必先取得许可，并需满足既定要求方可。此规定实施前，佛罗里达州已经发生过多起对硫磷中毒死亡的案例。

然而，很少有人去提醒园丁或房主，他们正在接触极其危险的物品。恰恰相反，源源不断的新玩意儿倒是让你在草坪和花园里施用这些毒药变得愈加方便快捷——同时也必然增加了园丁与它们接触的概率。比方说吧，有一种可以用于园艺水龙的广口附件，接上了它你就可以在给草坪浇水的同时顺便施用氯丹或狄氏剂这样极其危险的农药。这样的装置不但给手握水管的人造成危害，而且也对公众构成了威胁。《纽约时报》也曾认为有必要在其园艺专栏发出一项警告，大致意思就是：除非安装特殊的保护性装置，否则毒药很有可能会因反向虹吸作用而进入供水系统。想一想，有多少类似装置正在使用当中，而这样的警示又是多么罕见，那么，我们对公共水源的污染问题还有什么好奇怪的吗？

要想知道它会给园丁造成什么后果，我们不妨来看看这位内科医师的案例。他是位热情的业余园艺爱好者，刚开始，他给他的灌木和草坪每周定期施用 DDT，后来又改用马拉硫磷。有时他用手持喷雾器施药，有时就用这种水龙附件，这么一来，他的皮肤和衣物就会经常被喷剂浸湿。这样大约一年后，他突然病倒，住进了医院。其脂肪活检标本经检测发现，DDT 浓度已经累积到百万分之二十三。他的神经已大面积受损，且被医生认定为永久性损伤。渐渐地，他越来越瘦，感觉极度疲惫，并伴有怪异的肌无力症状——这是典型的马拉硫磷中毒。所有这些持续性症状均已严重到令这位医生无法继续从事工作的程度。

除了园艺水管无辜受累外，电动割草机如今也被安装了播撒杀虫剂的附件，只要房主开始修剪草坪，该附件便会同步施放团团气雾。于是，除了本来就有潜在危险的燃油尾气外，如今又加入了各种杀虫剂的超细颗粒，那些郊区居民大概做梦也想不到，他们自己选用的杀虫剂已经让自己这块土地上的空气污染达到了甚至连大部分城市都难能与之匹敌的程度。

然而，很少有人谈及毒药会给园艺风尚带来什么危险，或者家居使用杀虫剂会有什么危害；产品标签上的警示语字体小到难以觉察，几乎没人会去费心阅读，更何谈遵守。业界一家公司最近还真的做了一项调查，想要查明究竟多少人会这么做；结果表明，这些杀虫气雾剂或喷雾剂的使用者中，甚至连知道外包装上有警示语这码事的人还不足 15%。

如今，郊区居民的思维逻辑就是：杂草必须清除，无论代价多大。装满了这些除草农药的袋子简直成了一种身份的象征。它们的品牌名称个个响亮，可是绝不会表明自己的实质或特性。要想知道它们内含成分是氯丹还是狄氏剂，你必须仔细阅读印在包装上最不起眼位置的极其细小的文字说明。你在五金店或者园艺用品店能够找到的产品说明之类的文字就算有，也很少会介绍你在接触或施用这些农药时可能陷入哪些真真切切的危险。恰恰相反，典型的产品图例上描绘的总是一幅其乐融融的家庭场景——父子俩微笑着准备给草坪喷药，小孩子则跟小狗一起在草地上打滚玩闹。

食品的化学残留问题是一个备受热议的话题。这种残留物的存在要么被业界轻描淡写避重就轻，要么就是被断然否认。同时还有一种强烈的倾向，要把那些执迷不悟、"变态"到要求入口食物绝不能含有杀虫剂残毒的人统统扣上"狂热分子"或者"邪教信徒"的帽子。在这一片争议的疑云迷雾当中，真相究竟如何呢?

根据常识我们也知道医学上已经确证的事实，即 DDT 的时代来临（1942 年前后）之前生活或死亡的人，其体内组织是没有任何 DDT 及类似物质残留的；而在 1954 年到 1956 年间，从普通人群中采集的人体脂肪样本 DDT 平均含量已达百万分之五点三到百万分之七点四——这在第三章中已有述及；而且有证据表明，该平均值此后一直呈上升态势，当然，因职业或其他特殊原因而直接接触杀虫剂的人群，其体内残留量就更高了。

在没有已知的明显杀虫剂受毒史的普通人群中，我们只能假定，其体内绝大部分的 DDT 脂肪沉积是经食物而摄入的。为了证实这一假想，美国公共卫生署的一支科学小组对饭店及公共食堂的饮食进行了抽样调查。结果表明取样的每一种饮食中均含有 DDT。由此，调查人员有充分理由得出结论："几乎不存在完全不含 DDT 的食物。"

而且，饮食中的 DDT 含量可能还很高。在公共卫生署的另外一项研究中，对监狱的膳食分析揭示，类似炖干果这样的食品中 DDT 含量为百万分之六十九点六，而面包中更是达到百万分之一百点九。

在普通家庭的饮食中，氯化烃类残留物在肉类及动物脂肪制品中含量最高，这是因为这些化学物质都是脂溶性的。在水果和蔬菜中，此类残留物往往要少一些，不过，这些残留物靠清洗是没什么作用的——唯一的办法只能是去除及丢弃生菜或卷心菜之类蔬菜的全部外层叶子，给水果削皮，而且无论什么果皮或外壳都不能再利用。烹调是不能除掉这些残留物的。

牛奶是食药监局条例规定不允许含有杀虫剂残留的少数几种食物之一。然而实际情况是：只要检测，残留物照样能测出，尤以奶油及其他加工乳制品含量最高。1960 年抽检的 461 款同类产品中，三分之一都有残留——对此，食药监局称之为情况“极不乐观”。

要想找到完全不含 DDT 及相关化学物质的饮食，恐怕你只得去偏远、原始、还没有任何现代文明的便利设施之地了。这样的地方似乎也还存在，至少在阿拉斯加州的北极海岸勉强还有，不过就算在那儿，可怕的阴影也在日益逼近。科学家们对该地区的因纽特人进行调查时发现，当地饮食是不含杀虫剂残留的。那里的鲜鱼和干鱼，取自当地动物身上的脂肪、油脂或肉——包括海狸、白鲸、驯鹿、麋鹿、北极熊和海象，等等，还有蔓越橘、树莓和野生大黄等植物，迄今为止，所有这些都还没有被污染。只有一个例外——来自波因特霍普的两只白色猫头鹰体内含有少量 DDT，大概是在迁徙的途中获取的吧。

对当地某些因纽特人的脂肪取样进行分析检测时，却发现了少量的 DDT 残留（浓度为百万分之零到一点九）。其原因很明显：脂肪样本取自那些曾经离开祖居地，去过美国公共卫生署位于安克雷奇[①]的定点医院做手术的人群，而那里已经是现代文明生活方式的天下了。这所医院的伙食经检测，其 DDT 的含有量与那些人口稠密的大都市不相上下。这些因纽特人因为一次文明世界的短暂逗留而得到的回报竟是染毒。

我们吃的每一顿饭里都含有相当量的氯化烃，这一事实其实是必然后果，因为农作物几乎已经被普遍施用了毒药喷雾或粉剂。如果农

① 安克雷奇：阿拉斯加州中南部港市，也是阿拉斯加州的最大城市。

民真能严格遵守产品标签上的施用说明的话，那么农药造成的残留应该不会高于食药监局允许的残留量。可是，这些法定残留标准是否真的如其所代表的那样“安全”我们姑且不论，至少有些事实还是众所周知的：农民施药动辄超过规定剂量，施药时间太过接近收获季，单一用药足矣却偏偏施用多种杀虫剂，以及其他各种因懒得阅读超小字号的施用细则而常犯的错误。

甚至就连化学工业内部也认识到杀虫剂被频繁滥用的现状，认为有必要对农户进行培训。业内一家主要杂志最近宣称：“许多使用者似乎都不理解，如果施用杀虫剂高于推荐剂量是会超出药物耐受力的。许多农户可能仅凭一时的心血来潮，就在作物身上乱点鸳鸯谱。”

在食药监局的档案中，这一类违规操作的案例几乎达到令人不安的数量。仅举几例便足以看出操作说明书所遭受的漠视：一位生菜种植者在短短一段收获季内就给他的菜地施用了远非一种而是八种不同的杀虫剂；一名货主给他的西芹施用了五倍于最大容许剂量的剧毒对硫磷；多家种植户给生菜施用了所有氯化烃类农药中毒性最强的异狄氏剂，尽管生菜是不容许有任何农药残留的；菠菜收割前一周还在喷洒 DDT。

偶然或者意外导致污染的案例也不少。比如，装在粗麻袋里的大量生咖啡豆在船运途中遭到污染，因为船上同时还载有一批杀虫剂；储存于库房的包装食品在频繁的 DDT、林丹及其他杀虫剂的气雾喷洒下，其包装材料完全可能被渗透，从而造成内装食物大量污染，库存时间越长，污染的危险就越大。

也许有人会问：“难道政府不来保护我们免受其害吗？”答案是：“程度极其有限。”在保护消费者免遭杀虫剂危害的问题上，食药监局的职能会因两大原因而大受限制。其一，它只有对州际贸易中装运的食品才拥有司法管辖权，而对于一个州内部生产和销售的食品，无论违反了什么法律法规，都完全不在其职权范围之内；其二，该局职员中监查人员数量太少的事实严重制约了其职能的行使——不到六百人，却要执行各种繁杂工作。食药监局官员称，在现有的设备条件下，能够实现抽检的只能是州际贸易流通农产品当中小到无穷小的一部分——还远不到1%，而这个比例几乎不具有统计学上的意义。至于一个州内部生产和销售的食品，其状况就更加糟糕了，因为大多数州在这方面的法律法规少得可怜可悲。

食药监局用以建立最高污染容许限度，即“容差界值”之体系本身就有明显缺陷。以目前这种盛行的风气，它所能提供的仅是一纸空文而已，而且它反而促成了一种完全不实的假象，即安全限制已经得以确立并被遵守。至于说允许我们的食品中含有少量的毒素残留——这里一点点，那里一点点——这种做法是否安全的问题，许多人都会争辩说（而且理由绝对令人信服）：对食物而言没有什么毒素是安全或者合理的。设定容差界值的基本思路是：食药监局首先会核查对实验动物所做的毒效测试，然后确立一个最大的容许值，这个值应该远低于引起实验动物产生中毒症状的剂量。然而，这一体系本来旨在确保安全，实则却忽略了几大重要事实：首先，实验动物是在一个严格受控的、人为营造的环境条件下，摄入了一定量的某种特定农药，这与人类的受毒情形完全不同——人类接触的杀虫剂不仅种类繁多，而且大多是在未知的、不可控的情况下受毒，因而也就无法量化；其次，一个人午餐时吃的沙拉生菜里含有百万分之七的DDT残留就算真的是“安全”的，可是这顿饭里还有其他食物，各自都有一定量的不超标的残毒；况且，如我们所见，通过食物摄入的杀虫剂仅是一个人全部摄入量的一部分，而且很可能只是一小部分。所有来自不同渠道的化学物质叠加而成的总摄入量自然就难以计量了。由此可见，单纯地讨论某种特定化学品残留量是否“安全”是毫无意义的。

此外还有其他缺陷。公差界值的确立有时是违背食药监局科学家的理性判断的（相关案例会在后文引证），或者是在缺乏该化学品相关知识的情况下确立的。之后获得的更多信息也曾导致容许值被压低或者被撤回，但都是在公众已经被迫遭受了公认的危险剂量数月甚至数年后才得以实现。七氯就曾发生过类似情形——先前给定的容许值后来不得不废止。某些化学药品甚至在完全没有切实可行的野外实地分析方法的情况下便已登记使用了，因此，检查人员要想检测其残留物根本无从下手。当初，正是这一难题大大阻滞了蔓越莓除草剂"杀草强"（氨基噻唑）的研究。[①] 某些普遍用于种子处理的杀菌剂也同样缺乏恰当的检测分析方法，而这些种子若在播种季结束时还没有被使用的话，很有可能就被端上了人们的餐桌。

可见，从实质上说，设定公差界值就等于官方授权可以使用有毒化学品污染公共食品供应，这样一来，农民和食品加工者倒是享受了降低生产成本带来的好处，而消费者却饱受其害，同时还得缴纳更高税款以维持监管机构，让它来确保自己不至于获得致命的剂量。然而，真想把这种监管工作做到位的话——想想目前农用化学药物的施用量之巨和毒性之强——恐怕所需资金远超立法者有勇气拨付的款项。因此，不幸的消费者最终的结局就是：税款照付，可是受毒依旧。

那么出路在哪儿？首要之举就是取缔氯化烃类、有机磷类及其他剧毒化学药物的公差界值。这么做会立刻遭到反对，有人会说这将给农民施加难以承受的负担。可是设想一下，如果有可能将化学药物的残留值控制在仅百万分之七（DDT 的公差值）或者百万分之一（对硫磷的公差值）或者甚至如狄氏剂在各种水果和蔬菜上的残留均不得超过百万分之零点一——这样的既定目标若真能实现，那么，为什么就不可能再多加一点点小心，彻底禁止任何残留的出现呢？事实上，某些药物目前就有这样的规定，诸如七氯、异狄氏剂和狄氏剂在特定作物上就是绝对禁止残留的。如果此规定在这些情况下被认为是可行的，为什么就不能扩而展之呢？

但是，这并非彻底或最终的解决方案，因为纸上谈兵的所谓零容

---

① 关于杀草强的毒性研究滞后的问题在本书第三章的末尾处有所述及。

忍是没有什么价值的。目前，如前所述，州际运输的食品99%以上都逃过了检查。显然，建立一个更加警惕、更积极主动的食药监局，并大力扩充其执法人员的队伍，成了另外一项紧迫需求。

然而，这样一种先是蓄意毒化我们的食物，然后再对毒化后果施以监管的体系太容易让人想起刘易斯·卡洛尔的白衣骑士①了，他居然想到一个计划，“把胡子染成绿色，然后再随时使用一把大扇子把胡子遮盖起来”。其实，最终的出路只能是尽量使用毒性小的化学品，将滥用药物而导致的公共危害降到最低。这样的化学品其实早就有：除虫菊酯、鱼藤酮、鱼尼汀，以及其他取自植物的物质。除虫菊酯的人工合成替代品最近也已研发成功，而且只要市场有需求，一些出品国也随时准备增加这种天然产品的产量。有关待售化学品特性的公共宣传也是迫切需要的，因为普通购买者面对一排排可供选择的杀虫剂、杀菌剂和除草剂，一定会眼花缭乱，根本无从知道哪些是致死的、哪些是相对安全的。

除了逐渐转向这些危险性小的农药外，我们还应该大力探索非化学手段的可能性。目前加州已经在尝试一种农业方法，可以利用一种专门攻击特定类型昆虫的细菌致使害虫生病，该方法的扩大试验目前正在进行之中。既可以有效防治昆虫而又不会给食物留下残毒，其实还存在其他大量的可能性（可以参见第十七章）。除非我们已大规模转向了这些方法，否则，目前这种以任何常识标准判断都是无法容忍的现状，恐怕永远也得不到什么缓解。而照目前状况来看，我们的处境恐怕不比波吉亚家的客人好到哪里。

① 白衣骑士：刘易斯·卡洛尔在《爱丽丝漫游仙境》的续作《爱丽丝镜中奇遇记》（又译《穿越透视的玻璃窗》）中出现的一个人物，是个极富创造性思维、但又经常闹出各种笑话的人，常常用来比喻人们在危难时刻盼望出现的神奇救世主。

第十二章　人类的代价

工业时代产生的化学物质如同狂潮一般吞噬着我们的环境，一场剧变也已经随之而来，这种变化从本质上说，就是史上最严重的公共健康问题。就在昨天，人类还在为曾经横扫世界各国的天花、霍乱和鼠疫这些洪水猛兽而惶惶不可终日，而今，我们最大的忧虑已经不再是这些曾经感觉无所不在的病原微生物了。公共卫生的改善、更好的生活条件以及新型药物的研发都使我们对这些感染性疾病拥有了更高的防控能力。然而，我们今天所担忧的却是潜藏在我们环境之中的另外一种危险——而这种危险却是随着现代生活方式的演变，由我们自己引入我们这个世界的。

新的环境健康问题多种多样，有的是由各种形式的辐射造成，有的则源自源源不断的化学物质的生产，而杀虫剂还不过是其中一部分而已。这些化学物质如今已遍及我们生存的这个世界，直接或间接地、单独或联手地影响着我们。它们的存在投下了一道阴影，这道阴影同样是不祥之兆，因为它形态不定、界限不清；这道阴影更加令人恐惧，因为我们不可能预测人类终其一生被迫暴露于这些化学的、物理的介质之下究竟会发生什么后果，毕竟，它们超越了人类的生物体验。

美国公共卫生署的大卫·普莱斯博士说:“我们都生活在这种挥之不去的恐惧之中,担心会有什么东西彻底毁掉我们的生存环境,让人类也如恐龙一般成为历史。而这种忧虑之所以更加令人不安,是因为我们认识到,在明显症状出现之前二十年甚至更早,我们的命运便早已被盖棺定论。”

那么,在整个环境陷入病态的图景当中,杀虫剂究竟扮演了什么角色呢?我们已经看到,它们污染了土壤、水源和食物,它们的威力足以使我们的河水里不再有鱼儿,使我们的花园和树林陷入无声的世界,再也没有鸟儿歌唱。人类也是自然的一部分——无论我们多么希望这是个伪命题。那么,如今已经遍及整个世界的污染,难道人类真的能够逃脱吗?

我们知道,就算是与这些化学药物只接触一次,只要剂量够大,也足以造成急性中毒。可是这并非主要问题。一些农民、喷药人员、喷药飞机驾驶员及其他直接接触大量杀虫剂的人员突然发病甚至死亡的案例的确是不该发生的悲剧;然而,对于整个人类这一种群而言,由于不断地少量摄入这些污染环境于无形的杀虫剂而导致的延迟效应才更加值得我们关注。

有责任感的公共卫生官员都曾指出,化学药物的生物效应会长期累积,个体所受危险可能取决于其一生摄入的总剂量。正是由于这一原因,此危险极易被人忽视——对于看似并不明朗的未来灾难之威胁,我们往往都会耸耸肩不屑理睬,这是人类之天性。一位明智的医师勒内·杜波斯博士说:“对于有明显症状的疾病,人自然极为重视;然而,最可怕的敌人往往总是悄无声息地降临。”

这个问题事关整个生态——一个相互关联、相互依存的系统,对于我们每一个人而言均如此,就如同对密歇根州的知更鸟和米拉米奇河里的鲑鱼一样。我们毒杀了一条河里的石蛾,鲑鱼就会日渐减少并最后死光。我们毒杀了湖泊里的蚋虫,毒素就会沿着食物链一环一环地传递,很快,湖滨的鸟儿也会跟着遭殃。我们给榆树喷了药,第二

年的春天就再也听不到知更鸟的歌声了，这不是因为我们要直接对知更鸟痛下杀手，而是因为毒素会沿着如今已经为人所知的榆树叶—蚯蚓—知更鸟的循环模式一步步地传递。这些案例都已是有据可查、有目共睹，它们就发生在我们身边这个看得见摸得着的世界。它们所折射的正是科学家称之为生态的这张生命之网——同时也是死亡之网。

可是我们的体内也存在着一个生态的世界。在这个看不见的世界里，看似微不足道的诱因也会产生巨大的后果；而且，这个后果常常看似与其诱因没有什么关联，就连它在体内发生的部位，也跟最初承受损伤的部位相去甚远。近期一份医学研究现状综述上说："某个部位甚至是某个分子的一点点变化，有可能在整个系统中持续震荡，最终引发看似毫不相干的器官或组织的病变。"只要关注一下人体神秘而又神奇的运作方式，不难发现，因与果之间很少会体现简单的、显而易见的关联；无论空间上，还是时间上，它们都可能相去甚远。要想查明发病或者死亡的原因，需要将许许多多看似独立、毫不相干的事实耐心地拼接在一起才行，而这些事实的获得，可能需要横跨众多领域的大量研究累积而成。

我们总是习惯于寻找明显的、直接的因果关系，而置其他方面于不顾。除非一种后果即时出现且明显到无可否认，否则的话，我们就会否认危险的存在。就连研究人员也因为没有恰当方法探明损伤的源头而备受妨碍。缺乏足够精密的方法让我们查明症状出现之前的损伤，这正是医学界悬而未决的重大难题之一。

有人可能会反驳说："可是，我在草坪上多次喷洒狄氏剂，从来没有像世界卫生组织的喷药人员那样发生过抽搐，所以，狄氏剂对我没有伤害。"可事情并非那么简单，就算没有明显的突发症状，接触这类药物的人体内也会累积毒素，这是毋庸置疑的。如前所述，氯化烃类药物在人体的贮存就是从极小的摄入量开始逐渐累积的。这些毒素会借住在人体的脂肪组织中，一旦人体需要动用这些脂肪储备，毒素就会立刻出击。新西兰一家医学杂志最近就提供了一个病例：一个因肥胖症而接受治疗的人突发中毒症状；经检测，他的脂肪内含有贮藏的狄氏剂；正是在他减肥的过程中，这些毒素发生了代谢转移。同样的情况也会发生在因疾病而体重下降的人身上。

另一方面，毒素累积的后果可能更加隐蔽。几年前，美国医疗协会内部期刊曾对贮存于脂肪组织内的杀虫剂之危害发出强烈警告。它指出，同那些易于代谢而不会在人体组织内贮存的物质相比，容易发生累积的药物或化学物质更需谨慎对待。我们被警告说，脂肪组织不单单是一个贮存脂肪（约占人体体重的18%）的地方，它还同时具备许多重要功能，而贮存于其中的毒素可能会干扰这些功能。此外，脂肪在全身各个器官及组织内都有极为广泛的分布，甚至也是细胞膜的成分之一。因此，记住一点很重要，即脂溶性的杀虫剂会在个体细胞中贮存，就是说，它们所处的位置使它们能够直接干扰到人体最关键、最基本的氧化作用及能量产生的机制。这一问题的重要性，我们将在下一章里论及。

氯化烃类杀虫剂最值得注意的特性之一就是它们对肝脏的影响。在人体所有器官中，肝脏是最非凡的；说起它的多专多能，说起它功能的不可或缺，它都是无可匹敌的。它主宰着许多至关重要的机体活动，以至于哪怕它受到最轻微的损伤，都将预示着极其严重的后果。它不仅能够分泌胆汁用以消化脂肪，而且由于其所处位置以及众多汇聚其中的特殊循环通路，导致肝脏会直接吸收来自消化道的血液，并深度参与所有主要食物的代谢过程。它会将蔗糖转化为糖原的形式储存下来，然后再以葡萄糖的形式将其释放出来，而且释放量极其精准，以确保人体血糖维持在正常水平。它能构建多种人体蛋白质，其中包括与凝血相关的血浆基本组分。它会将血浆中的胆固醇维持在正常水平，还会在雄性荷尔蒙或雌性荷尔蒙超出正常水平时负责抑制其活性。它是人体储存多种维生素的地方，其中某些维生素反过来又促进了肝脏自身正常功能的发挥。

没有了功能正常的肝脏，人体就如同被解除了武装——根本无法防御各种各样不断侵入的毒素。这些毒素中有些是人体正常代谢的副产品，肝脏只需“缴”了它们的氮，就可以迅速高效地除掉它们的毒性。不过就算非人体内正常产物的毒素，也一样可以被解除毒性。所谓“无害的”杀虫剂如马拉硫磷和甲氧基氯之所以毒性相对较小，就是因为肝脏里有一种酶可以对付它们，改变它们的分子结构，从而使其致毒能力被削弱。我们所摄入的绝大部分有毒物质都会被肝脏以大致相同的方式一一处理。

而如今，我们抵抗入侵毒素或体内毒素的防线却已遭削弱，几近崩溃。一颗被杀虫剂损伤的肝脏不仅不能再保护我们对抗毒素，而且其全线功能都将受到干扰。其后果不仅影响深远，而且因为这些后果复杂多变且不会立即显现，所以未必能够追查到它们的真正病因。

值得注意的是，肝炎病例的剧增始于20世纪50年代，并一直呈波动上行之势，这显然与损伤肝脏的杀虫剂几乎被遍地使用不无关联。据说肝硬化病例也在逐年攀升。尽管不可否认，要在人而不是实验室动物的身上“实证”是甲因导致了乙果，这很困难，可是仅凭简单的常识也不难看出，肝脏疾病发病率的飙升与环境中肝脏毒物的日益增长绝非巧合吧。在目前的情形下，且不论氯化烃是不是真的罪魁祸首，我们似乎都没有任何理由让自己暴露在已被证实会损害肝脏、并因此而有可能会削弱其抗病能力的毒药之下。

氯化烃和有机磷这两大类杀虫剂都会直接危害神经系统，尽管方式略有不同。这一点已经被无数的动物实验及对人类受试者的观察所验证。至于说到DDT——史上第一种得到广泛应用的新型有机杀虫剂，它主要是作用于人类的中枢神经系统，通常认为小脑和高级运动皮质层为主要的两大受损区域。据一本毒理学标准教材记载，接触到相当量DDT后可能出现的异常感觉包括刺痛感、灼烧感或者瘙痒感，也可能出现颤抖甚至惊厥。

我们对DDT急性中毒症状的最初认识来自几位英国研究者，他们为了了解其作用和后果而有意让自己直接接触了DDT。英国皇家海军生理实验室的两位科学家是刻意经由皮肤吸收DDT的，他们用内含2%DDT的水溶性涂料粉刷墙壁，再覆以一层薄薄的油膜，然后用皮肤直接接触墙面。从他们对自身症状的生动描述中，DDT对神经系统的直接影响可谓一目了然："疲惫、沉重、四肢疼痛都是真真切切的感受，精神状态极其沮丧……极度易怒……什么工作也不想干……感觉完全没有思考能力，连最简单的思维任务也无法处理。有时感觉各关节疼痛剧烈。"

另外一位英国实验者将溶入DDT的丙酮溶液涂在自己的皮肤上。他在报告中提及的症状包括四肢的沉重和疼痛、肌肉的无力以及"神经极度紧张导致的痉挛"。他休了一次假后略有恢复，可是刚一复工便情况恶化。随后，他在床上静养了三周，其间因四肢持续疼痛、失眠、神经紧张、极度焦虑等等症状而痛苦不堪。有时，他会不由自主地浑身颤抖——类似的颤抖如今已为人熟知，看到过鸟儿DDT中毒的人都知道。最后，该实验者总共休了十周的假期，当年年末英国一家医学杂志对他的实验进行报道时，他还没有完全康复。

（尽管证据如此确凿，美国多名研究人员对自愿受试者进行DDT毒性实验时，还是拒不考虑有关头痛及"每根骨头都痛"等主诉症状，硬是将其归结为"明显源自精神性神经机能症"。）

现在有许多记录在案的病例都已明确将各种症状及整个病程的致病根源指向了杀虫剂。典型的此类受害者都曾与某种杀虫剂有过已确知的接触史，采取了将所有杀虫剂从周围环境中彻底清除等处理措施后，症状即会缓解，而意义最为重大的是，每次重新接触这些罪恶的化学物质后，病情就会复发。类似这样的证据足以构成其他许多疾病的治疗依据了，根本不需要其他佐证。而在此处，我们完全没有理由不以此为戒，警示我们冒着"可预知的风险"而偏要将环境浸满杀虫剂绝非明智之举。

为什么不是所有接触或使用杀虫剂的人都会表现出相同症状呢？这个问题就要看个体的敏感度了。不过有证据表明，女人通常比男人更敏感，婴幼儿比成人更敏感，室内久坐的人比经常在户外运动或从事体力劳动的人更敏感。除此以外还有其他一些虽然难以捉摸却的确存在的差异。究竟是什么原因导致某个人对粉尘或花粉过敏，或者对某种毒药敏感，或者容易受到某种感染，而另外一个人却不会这样呢？这个恐怕还是医学界的一个谜，目前为止还没办法解释；可是无论如何，这个问题客观存在，并影响着大量人群——据某些医师估算，他们的病人中约有三分之一甚至更多会表现出某种过敏的症状，而且人数还在攀升。更加不幸的是，即使从前不敏感的人，也有可能突然出现过敏的症状。事实上，有医学界业内人士认为，恰恰就是间歇性接触类似化学品造成了此类过敏；果真如此的话，这倒可以解释为什么有研究表明，那些因职业原因而被迫持续接触这些药物的人反倒没有发现什么中毒症状。正是因为频繁接触才使这些人脱敏——就如过敏症医师通过给病人反复注射小剂量过敏原，以使其保持脱敏一样。

杀虫剂中毒的问题之所以极其复杂，其实就是由于一个人从来不会只接触一种化学品，这跟各种实验条件均被严格把控的受验动物是不一样的。而在不同的杀虫剂之间，以及杀虫剂与其他化学药物之间，都会发生交互作用，从而带来严重的潜在危险；不论是被释放于土壤和水源中，还是人类的血液中，这些看似毫不相干的化学品是不会保持彼此隔离之状态的，它们会在那儿发生神秘而不可见的变化，从而相互改变彼此的毒害能力。

就算是在通常被认为毒理作用完全不同的两大类杀虫剂之间，交互作用依然存在。有机磷类杀虫剂的毒理作用是针对神经保护酶——胆碱酯酶，但是，如果人体之前接触过损伤肝脏的氯化烃类杀虫剂的话，有机磷的毒效就会大增。原因很简单，当肝脏功能受到破坏时，胆碱酯酶就会降到正常值之下；而有机磷又进一步抑制了胆碱酯酶的分泌，那么，这一额外增加的抑制作用便足以造成急性中毒的症状。另外，如前所述，两种有机磷杀虫剂配对使用的话，则两者的交互作用会使各自的毒性增强百倍。再者，有机磷还会同多种药物、人工合成物质以及食品添加剂发生交互作用——在人造物质遍及全球的今天，谁能说清还有什么呢？

通常被认为无毒无害的化学品在另外一种化学品作用下，也会发生毒效剧变；DDT 的亲族农药甲氧氯就是最好的一个例证。（事实上，甲氧氯也并非如通常所说的那样没有毒性，因为最新动物实验显示，它对子宫具有直接影响，还会对某些强大的脑垂体激素产生阻断作用——这足以再次提醒我们，它们毕竟还是化学物质，同样具有巨大的生物刺激效应。另有研究表明，甲氧氯还有潜在的损伤肾脏的可能。）我们之所以被告知甲氧氯是一种安全的化学物质，是因为单独摄入时，它通常不会在体内过量蓄积。然而事实未必如此：如果肝脏已经被另外一种药剂损伤，那么甲氧氯在人体内的蓄积会高出正常速度的一百倍，届时，其毒效就会与 DDT 相仿，会对神经系统产生持久影响；然而，很有可能非常细微的，甚至会被忽略不计的肝脏损伤就足以导致这种效果，而这类损伤随便什么常见状况都有可能造成，诸如使用了另外一款杀虫剂、使用过含有四氯化碳的清洗液或者服用过某种镇静剂类的药物——其中虽非全部、不过大部分是氯化烃类药物，具有损伤肝脏的毒效。

神经系统受损伤并不只限于急性中毒的情况，也可能因受毒后的延迟效应而造成。甲氧氯等药物对大脑及神经的长期损伤早有报道。狄氏剂除了即时毒效以外，也会造成延迟效应，症状包括“失忆、失眠、梦魇甚至躁狂”。最新医学发现，林丹会在大脑及正常肝脏组织内大量蓄积，从而引发“针对中枢神经系统的深远而持久的影响”。然而，这种化学物质作为六氯联苯的一种，却在雾化器中被大量使用，这类装置在家庭、办公室和餐馆里都很常见，它们会将挥发性的杀虫剂蒸汽源源不断地喷出。

提起有机磷类杀虫剂，人们通常以为它们造成的都是急性中毒等较为激烈的症状，可是根据最新研究发现，它们也会对神经组织产生持久的物理性损害，并诱发神经错乱。已有多起迟发性瘫痪的病例都是在接触了此类杀虫剂中的某一款后发生的。早在1930年左右，正处在禁酒令时代的美国发生过一起离奇事件，现在回想，那简直就是未来的预兆。当然，该事件的诱因并非杀虫剂，不过从化学上看却是跟有机磷类杀虫剂同属一类的化学物质。在那段历史时期里，有些药用物质侥幸逃出了禁酒法令的清单，临时充当了酒类替代品，其中之一就是牙买加姜汁。可是它属于《美国药典》清单内产品，价格昂贵，于是私酒贩子突发奇想，造出了牙买加姜汁的替代品。他们造出的假冒产品居然极为成功，通过了各种化学检测，也骗过了政府部门的药剂师。为了给假冒姜汁增加其应有的那种浓烈气味，他们在里面掺入了一种名曰三原甲苯基磷的化学物质，而该化学物质跟对硫磷及其同类一样，会破坏保护性的胆碱酯酶。结果，喝了私酒贩子的这种产品后，约一万五千余人患上了腿部肌肉的永久性严重瘫痪，如今此类病情已被称作“姜酒中毒性麻痹”。这种麻痹同时还会伴有神经鞘的损伤及脊髓前角细胞的退行性病变。

大约二十年后，其他各种有机磷开始被用作杀虫剂，这个有目共睹；很快，让人联想起姜酒中毒性麻痹那一幕历史的多起病例开始接连出现。比如，德国一位温室工人几次使用对硫磷后均出现了轻度中毒症状，结果几个月后，他突然瘫痪了。后来，一家化工厂里有三名员工因接触了此类杀虫剂而出现急性中毒；经过治疗，他们都已康复过来，可是十天后，其中两人出现了腿部的肌无力，一个人的症状持续了十个月，而另外那个是一位年轻的女化学家，其病情更为严重，不仅双腿瘫痪，还殃及了双手及双臂。两年后，她的病例被一家医学杂志报道时，她仍然无法行走。

导致这些病例的那种杀虫剂已经被撤出了市场，可是目前还在使用的一些同类仍然可能造成类似伤害。园丁的最爱——马拉硫磷，在对小鸡的实验中就曾诱发严重肌无力，同时还伴有（如同姜酒中毒性麻痹病例一样）坐骨神经鞘和脊髓神经鞘的损伤。

就算幸免于死，有机磷中毒引发的这些后果也会成为进一步恶化的前奏。想一想它们对神经系统的严重损害，或许它们最终势必会跟精神疾病联系起来。这种关联最近已经得到墨尔本大学及墨尔本亨利王子医院的研究人员实证。他们报道了十六起精神病病例，其患者全部都与有机磷类杀虫剂有过长期接触史：其中三人为检查喷药效果的科学家，八人在温室工作，五人为农场工人。他们的症状从记忆障碍到精神分裂，再到抑郁症反应，各不相同。相同的是，他们之前的体检记录全部正常；显然，正是他们使用的那些化学品变成了索命回旋镖。

如我们所见，类似这种情况在医学文献中比比皆是，有时牵扯氯化烃类，有时牵扯有机磷类。精神错乱、妄想症、失忆症、躁狂症——这些都是我们为了暂时灭掉某些昆虫而付出的沉重代价；而且，只要我们继续坚持使用这些直接攻击神经系统的化学药物，那么，我们还会被继续课以同样的代价。

第十三章　狭窗大视界

生物学家乔治·沃尔德曾研究过一个极为专科化的课题——眼睛的视觉色素，他把这项研究比作“一扇非常狭窄的窗口，远看不过就是一道光线而已；可是离它越接近，你的视野就会越开阔；直到最后当你贴近它时，你会透过同一扇狭窄的窗口看到整个宇宙”。

同理，只有当我们将关注点指向人体的单个细胞、指向各个细胞内部的细微结构，并最终指向这些结构内部分子的终极反应时——只有当我们这样做的时候，我们才能理解随意将外来化学物质引入人体内部环境可能造成的极为严重而深远的影响。医学研究可以说直到最近才开始转向个体细胞在产生能量的机制中所起到的作用，而这些能量恰恰是维持生命所不可或缺的。人体非凡的能量产生机制不仅是健康的根本，对整个生命而言亦如此；其重要性甚至超过了最重要的人体器官，因为产生能量的氧化作用若不能顺利有效地进行，那么人体的任何机能都不能发挥作用。然而，我们用来对付昆虫、啮齿动物和杂草的化学药物都具有这样的特性——它们可以直接攻击这一能量系统，破坏这一运作完美的机制。

使我们对细胞的氧化作用获得今天这种认识的那些研究工作，可谓整个生物学和生物化学史上最引人注目的成就之一，对此研究做出过贡献的人员中也绝不乏诺贝尔奖得主。此类研究步步推进，至今已二十五载有余，当然也借鉴和利用了前人更早的研究奠定的基石。然而即便如此，所有细节方向的研究工作都仍然有待深入；而且仅仅是在过去十年中，各项零散的研究工作才逐渐整合为一体，生物氧化作用才得以纳入生物学家之共识体系；更为重要的事实是，1950年以前接受基本培训的医学人士几乎没有机会实际体会这一进程的重要性，以及破坏这一进程的危险后果。

归根结底，能量的产生不是在任何一个专门器官内，而是在机体的每一个细胞内完成的。每一个活体细胞就像一团火焰，通过燃烧燃料而产生生命赖以生存的能量。这一类比颇有诗意，虽然未必精准，因为细胞的“燃烧”只需机体正常温度提供的温热即可完成。然而，正是因为这亿万颗微微燃烧的小小火花，生命之火才得以激发。倘若它们不再燃烧，那么必如化学家尤金·拉宾诺维茨所说，“心脏将不再搏动，植物将无法抗拒引力而向上生长，阿米巴虫[①]将不能游泳，再也不会有任何知觉沿着神经传导，再也不会有任何思想闪现于人类的大脑”。

细胞内由物质到能量的转化过程是一个流动不息的进程，是整个自然界更新循环的一部分。它就像一只不停运转的轮子，其燃料——碳水化合物，会以葡萄糖的形式一粒一粒地、一个分子一个分子地添加进来；而一旦进入这一循环进程，作为燃料的分子即会被分解并经历一系列细微的化学变化。这些变化都是有序进行的，一步接着一步，每一步都由一种专业到各司其职、互不干涉的酶来指引和控制；每完成一步后就会有能量得以产生，废弃物（二氧化碳和水）得以排放，而已遭改变的燃料分子则被传送到下一阶段。当这个不停转动的

① 阿米巴虫：又称变形虫，单细胞动物的一类。多生活在水中，身体形状常变化，靠伪足运动或捕食。多为寄生性，有的可导致阿米巴病。

轮子完成了一圈的循环后，燃料分子已经被分解殆尽，随时准备与刚刚进入这一循环进程的新的分子结合，并开始下一轮的循环了。

在这一进程中，每个细胞都发挥着一座小化工厂的功能，这绝对是生命世界的一大奇迹。而发挥这种强大功能的每个个体却都无限微小，这一事实更是平添了它的奇妙。除了极个别的例外，细胞本身都很微小，小到只有借助显微镜才能看到；然而，氧化过程的绝大部分工作却是在更加微小得多的“剧场”得以完成的，这个“剧场”就是细胞内部的一种微小颗粒，名曰线粒体。虽然这些线粒体为人所知已六十载有余，但此前一直被认为不过是细胞的组分之一，其功能未知，大概也不重要，因此未受重视。直到20世纪50年代，对它们的研究才形成了一个令人振奋且成果颇丰的独立领域，并突然集万千关注于一身，以至于五年之间，仅就这一课题就有一千篇论文问世。

人类又一次以非凡的创造力和耐心解开了线粒体之谜，这不禁令人心生敬畏。试想，如此微小的一个颗粒，就算用显微镜给你放大三百倍，你也未必能够看到它；再试想，需要什么样的技巧才能将这一微小颗粒分离出来，继而将其分解，分析其组分，并确定各个组分高度复杂的功能。然而，借助电子显微镜和生化学家的高超技术，这一切都一一实现了。

现在已知，线粒体实际上是一个个微小的、由各种酶打包而成的混合体，其各不相同的组合包含了氧化循环进程所必需的所有的酶，这些酶全部精准而有序地排列在线粒体的内壁和膈膜之上。线粒体其实是一座“动力室”，大部分产生能量的反应进程都在这里发生。氧化作用最初的预备步骤在细胞质中得以完成之后，燃料分子就被送进了线粒体；氧化过程正是在这里得以完成，大量的能量也正是在这里得以释放。

倘若不是为了这一至关重要的结果，线粒体内部的氧化作用之轮无休无止的转动也便没有了意义。氧化循环进程的每一阶段所产生的能量通常都以一种被生化学家称为 ATP（三磷酸腺苷）的形式产出，它是一种含有三组磷酸基团的分子。ATP 提供能量的作用源于一个事实：它可以将其中的一个磷酸基团转化成另一种物质，而在此过程中，大量电子高速往来传递，从而产生了键能[①]。比如在一个肌肉细胞内部，当其中一个末端磷酸基团经转化传递给了收缩肌，那么促使肌肉收缩的能量也便由此而获得。而此时又发生了另外一个氧化循环进程——这是一个循环内部的循环：即 ATP 分子释放其中一个磷酸基团仅保留另外两个，从而形成了一个二磷酸分子 ADP（即二磷酸腺苷）。但是，随着氧化作用之轮继续转动，另外一个磷酸基团又会耦合进来，强势的 ATP 又得以恢复。就用蓄电池组做个类比吧：ATP 代表已充满的电池，而 ADP 则代表被放电的电池。

ATP 是能量的“硬通货”——从微生物到人类，所有的机体内都有。它能给肌肉细胞提供机械能，给神经细胞提供电能；精子细胞、即将发生剧变从而将自身转变成一只青蛙或者一只鸟儿或者一名人类婴儿的受精卵细胞、产生某种荷尔蒙的细胞，等等，所有这一切都得靠 ATP 提供能量。ATP 产生的能量会有一小部分在线粒体内被消耗，不过绝大部分能量还是被即刻派发给各个细胞，从而为其他活动提供动力。某些细胞内的线粒体所处位置就足以说明其功能，因为那些位置刚好可以将能量精准地递送至其目的地。比如在肌肉细胞中，它们刚好簇拥在收缩肌纤维的周围；在神经细胞中，它们刚好位于相邻的两个神经细胞的接合点，从而为神经冲动的传导提供能量；在精子细胞中，它们就集中在负责推进的尾部与头部的连接处。

ADP 同一个处于自由态的磷酸基团结合，从而恢复为 ATP 的这一“电池充电”过程，就是通过耦合而形成的氧化进程；这种精准的耦合即被称为耦联磷酸化作用。倘若这一结合变成了非耦合，也就失

① 键能：化学键形成时放出的能量或化学键断裂时吸收的能量，可用来标志化学键的强度。

去了提供可用能量的途径。就是说，细胞的呼吸仍在进行，但是却没有能量得以产生；这样的话，细胞就仿佛成了空转的引擎，只能产生热量，却不能输出动力。那么，肌肉就不可能收缩，神经冲动就不会沿着神经通路飞速传导；那时，精子便不能到达其目的地，受精卵也不可能完成其复杂的分化和发育。对任何生物有机体而言，无论它尚处胚胎，还是业已成年，非耦合的后果都将是真正的灾难：它迟早会导致细胞组织乃至整个生物有机体的死亡。

非耦合究竟是如何引起的呢？辐射是解耦联的因素之一，暴露于放射线下的细胞会死亡，有人认为即由此而致。不幸的是，许多化学物质同样具有将氧化作用同能量生产割裂开来的能力，而杀虫剂和除草剂全都榜上有名。比如我们已经看到，酚类化合物对新陈代谢具有强烈的影响，会导致体温骤升至可能致命的程度，这一后果其实就是因非耦合的“空转引擎”作用所致。被广泛用作除草剂的二硝基苯酚和五氯苯酚就是这类化合物的典型代表。除草剂中另外一种典型的解耦联剂是 2，4-D，而在氯化烃类农药中，DDT 作为一种解耦联剂已被证实，进一步研究很可能会揭示此类农药中另外还有其他的解耦联剂。

可是，非耦合还不是致使体内亿万个细胞的小火焰熄灭的唯一途径。我们已经看到，氧化作用的每一步都由某一种特定的酶来引导和控制，当其中某一种酶被破坏或被削弱时——哪怕只是其中单单一种，那么细胞内整个氧化作用的循环必将戛然而止。至于哪种酶受到破坏其实没有什么分别，因为氧化过程是一个循环，就像是一只旋转的轮子，如果我们将一根撬棍插入车轮的辐条，那么从哪里插入都不会有什么分别，轮子总归都会停止转动。同理，无论我们破坏了这个循环中作用于哪个步骤的酶，氧化进程都会中止。此后也就不会再有能量产出，那么其终极效果与非耦合作用便极为相似了。

广泛用作杀虫剂的多种化学物质都可能成为这根阻断氧化作用之

轮的撬棍。DDT、甲氧氯、马拉硫磷、吩噻嗪以及各种二硝基化合物都已被认定会抑制氧化循环所需的一种或多种酶，因此，它们就仿佛间谍一般，随时有可能阻断整个能量生产过程，并使细胞缺氧。这种损伤会带来大量灾难性的后果，这里谈及的只能是其中一小部分而已。

实验人员仅仅通过系统抑制氧供应，就能使正常细胞转化成癌细胞，这部分内容我们将在下一章中谈及。细胞缺氧还可能造成何种极端后果，我们通过对发育中的胚胎所做的动物实验便可见一斑：缺氧状态下，细胞组织生长和器官发育的有序进程都被中断，畸形及其他异常状况均有发生。如此推测，人类胚胎若是缺氧可能也会发育成先天畸形。

有迹象表明，这类灾难的增加已经为人所关注，尽管目前还很少有人深入探究其全部根源。作为一个令人不安的时代征兆，1961 年，人口动态统计局首次发起了一项全国性的新生儿畸形填表调查，并附有填报说明，称本次统计结果将在先天畸形的发病率以及致病环境方面提供必需的证据。毫无疑问，此类研究主要是针对辐射的影响进行测定，但是许多化学药物的影响也同样不可忽视，因为它们也会造成相同的后果。人口动态统计局所预测的残忍后果——未来儿童的某些先天缺陷和畸形，几乎可以肯定就是由于这些遍及我们体内及体外世界的化学物质所造成。

很有可能，某些关于生殖能力下降的研究结果也跟生物体氧化作用受到干扰，以及由此而造成的至关重要的“蓄电池”ATP 被耗尽有关联。卵子甚至早在受精之前就需要得到大量的 ATP 供给，以便做好准备，随时迎接下一步的巨大付出——一旦精子进入、受精完成，则巨大的能量消耗将是必需的。精子细胞是否能够顺利到达并进入卵子，将取决于自身的 ATP 供应，它们就产生于精子细胞颈部丛生的线粒体中。一旦受精完成，细胞分裂就会开始，那么以 ATP 形式供应的能量将在很大程度上决定胚胎是否能够完成正常发育。胚胎学专家对某些最容易获取的实验体——青蛙和海胆的卵子进行了研究，结果发现，一旦ATP低于一定的关键临界值的话，卵子干脆就停止了分裂，且很快死亡。

从胚胎学实验室的研究项目到苹果树上的知更鸟窝，二者的跨度并不遥远：鸟巢里蓝绿色的知更鸟蛋足数都在，可惜个个冰冷，刚刚闪烁了几天的生命之火如今都已熄灭。要么再说说佛罗里达高耸的松树顶端吧——在那里，横七竖八、错落有致地垒放起来的一大堆树枝和木棍中间，藏着三只巨大的白色鸟蛋，同样地冰冷，没有生命。为什么知更鸟和鹰都无法孵化？是不是这些鸟蛋也跟实验室里的青蛙卵子一样停止了发育，仅仅因为缺少完成发育所必需的能量"硬通货"——ATP分子？而造成ATP短缺的罪魁祸首，是不是因为这些鸟儿双亲的体内以及鸟蛋内部都已经贮存了太多的杀虫剂，从而致使能量供应赖以实现的氧化作用之轮停止了转动？

鸟蛋内部是否有杀虫剂沉积早已无须猜测了，显然，它们可比哺乳类动物的卵细胞容易观测得多。无论是通过实验室，还是在野生状态下，只要曾经接触过这些化学物质的鸟类，它们的蛋无论何时检测，都能测出大量的DDT及烃类化合物残留，而且浓度很高。加州的一次实验测出野鸡蛋含有百万分之三百四十九的DDT残留。在密歇根州，取自因DDT中毒而死的知更鸟输卵管内的卵细胞显示的药物浓度达到百万分之二百；而由于知更鸟成鸟中毒死亡而导致被弃的鸟巢里所取得的鸟蛋同样含有DDT。因附近农场施用艾氏剂而中毒的小鸡也将该化学品传给了它们的蛋；在实验室里被喂食了DDT的母鸡生出的蛋含有百万分之六十五的药物残留。

既然我们已经知道，DDT和其他（或许是全部的）氯化烃类药物会阻断能量生产的循环过程——要么通过阻止某种特定酶的正常运作，要么通过使能量生产机制发生非耦合作用——那么，我们很难再

想象一个含有大量残毒的鸟蛋怎么还能完成复杂的发育过程：无数次的细胞分裂、组织和器官的细致发育、关键物质的合成等等，经过所有这一切后，最终才可能形成一个鲜活的生命。而所有这一切都需要大量能量——即只有通过新陈代谢之轮不停转动才可能产出的大量ATP。

我们没有任何理由认为，这样的灾难会仅仅局限于鸟类。ATP是一种普遍适用的能量“通货”，使之得以产出的新陈代谢循环无论是在鸟类身上还是在细菌微生物的体内，无论是在人体还是在老鼠体内，都是为了完全相同的目的。因此，任何物种的生殖细胞内残留杀虫剂的事实都应该令我们不安，因为它们同时表明，人类身上也会出现类似的效应。

有迹象表明，这些化学物质在进入生殖细胞内部的同时，也会寄住于产生这种细胞的组织内。各种鸟类及哺乳动物的性器官内都已发现杀虫剂的积存——比如处于人工控制条件下的野鸡、鼠类和豚鼠，在为控制榆树病虫害而喷药的区域内生存的知更鸟，以及在为控制云杉蚜虫而喷药的西部森林里游荡的野鹿。其中一只知更鸟睾丸内的DDT浓度高于其体内其他任何一个部位；野鸡的睾丸内也会积存异常的药物残留量，高达百万分之一千五百。

也许是由于性器官内药物积存的影响，实验中的哺乳动物均观测到睾丸的萎缩现象。接受甲氧氯的壮年老鼠睾丸小得异常。小公鸡被饲以DDT后，它们的睾丸发育只有正常状态的18%，依赖睾丸激素而发育的鸡冠及颔下垂肉也只有正常尺寸的三分之一。

精子细胞本身也会因ATP短缺而深受影响。实验表明，公牛精子的活动能力会因二硝基苯酚而降低，因为这种化合物会干扰能量耦合机制，并不可避免地导致能量的减损。其他可能导致同样后果的化学物质尚处调查之中。对于人类可能造成的后果已经有迹可循：空中作业喷洒DDT的人员中已经有过少精症——即精子产出量下降的医学报告。

对于整个人类而言，我们的基因传承是远比个体生命珍贵得多的财富，是我们联系过去和未来的纽带。人类的基因是经过极其漫长的进化而形成的，它不仅造就了我们现在的样子，而且还以其微小之躯掌握着我们的未来——无论那个未来是吉是凶。然而，由于人为因素造成的基因退变却在威胁着我们这个时代，成为“人类文明终极的、最大的威胁”。

在这一问题上，化学药物与放射物之间再次表现出惊人的、必然的相似之处。

受到放射物攻击的活体细胞会遭受多种损伤：正常的细胞分化能力会被破坏，染色体结构会发生改变，基因作为遗传信息的携带者，会遭受突然的变化，俗称基因突变，从而使其后代出现新的特性。格外敏感的细胞会被直接杀灭，或者经过数年之后，最终变成恶性细胞。

辐射可能造成的全部后果均已在实验室研究中通过一大批被称为“类放射性”或称“拟辐射性”的化学物质得以再现。许多被用作农药（无论是除草剂还是杀虫剂）的化学药物均属于该类物质，均有能力破坏染色体，干扰正常的细胞分裂，或者引起基因突变。这一类针对遗传物质的伤害可能导致受毒个体生物患病，也可能危及后世数代。

仅在几十年前，无论是放射物还是化学药品的影响还都无人知晓。那时还没有所谓的原子裂变，可以模拟辐射功效的化学物质也还没有从化学家的试管中诞生出来。后来在 1927 年，得克萨斯州一所大学的动物学教授 H.J. 马勒博士发现，通过将某种生物暴露于 X 射线下，他就可以使其后代发生基因突变。马勒的这一发现开创了一个巨大的、全新的科学及医学研究领域，后来其本人也因此项成就而荣获诺贝尔医学奖。由于对放射后果的宣传铺天盖地，如今就连科学门外汉也都知道辐射的潜在危害。

20世纪40年代早期，爱丁堡大学的夏洛特·奥尔巴赫和威廉·罗布森也有过类似发现，尽管远未受到关注。在研究芥子毒气时，他们发现这一化学物质可以引发染色体的永久性畸形，其毒效与辐射引发的后果毫无二致。在针对果蝇（马勒的X射线独创研究中使用的同一种生物）进行测试时发现，芥子毒气也同样会引发基因突变。于是，第一种化学诱变剂[①]就此被发现。

芥子毒气作为一种诱变剂如今早已不孤单，已知能够改变植物和动物基因信息的其他化学物质早已不胜枚举。要想理解这些化学物质如何能够改变遗传进程，我们必须先来观看一幕在活体细胞的舞台上上演的基础“生命大戏”。

要想让身体发育成长，让生命之河能够世代流淌，那么构成身体组织和器官的细胞必须具有不断增殖的能力。这需要通过有丝分裂[②]，或称核分裂的过程得以实现。在一个即将分裂的细胞中，至关重要的变化首先发生于细胞核内，最终扩展至整个细胞。在细胞核内，染色体会发生神秘的移动和分裂，并以一种世代相传的古老模式进行排列、定位，以此将遗传的决定因子——基因——分配给子细胞。刚开始它们呈细长的线状，而基因则如念珠一样排列其上。随后，每个染色体发生纵向分裂，基因也随之分割。当细胞一分为二时，染色体也各分一半并分别进入两个子细胞。这样一来，每个新形成的子细胞都将含有一整套的染色体，连同其中全部的基因信息编码。正是通过这种方式，种群或物种的完整性才得以保留；也正是通过这种方式，万物才得以世代相生。

---

① 化学诱变剂：诱导有机体突变的物质。泛指能够引起生物体遗传物质发生突然或根本的改变，使其基因突变或染色体畸变达到自然水平以上的物质。

② 有丝裂变：又称间接分裂，指当一个细胞分裂时，复制好的DNA以染色体的形式精确分配到两个子细胞的过程。其特点是有纺锤体、染色体出现，子染色体被平均分配到子细胞。这种分裂方式普遍见于动物和高等植物，是真核细胞分裂产生体细胞的过程。

在生殖细胞的形成中，会发生一种特殊的细胞分裂。因为某一特定物种的染色体数量是恒定的，那么即将通过结合而形成新个体的精子和卵细胞必须只携带一半数目的染色体进入新的结合体。这一过程得以精准实现，是因为染色体的行为在形成生殖细胞的细胞分裂过程中发生了一种变化——此时，那些染色体本身并不分裂，而是由每对染色体中的一条完整地进入每一个子细胞[①]。

在这幕基础戏剧中，所有生命的进程都是相同的。细胞分裂的过程对地球上所有生命而言都是一样的，无论是人类还是阿米巴虫，无论是巨大的水杉还是简单的酵母菌，若不进行这种细胞分裂的进程，都无法长时间存活。因此，任何干扰有丝分裂的因素都会对受害生物及其后代造成严重威胁。

乔治·盖洛德·辛普森和他的同事皮滕德莱及蒂芙妮在他们那部包罗万象的著作《生命》中写道："细胞组织的主要特征，包括有丝分裂等在内，肯定已有远不止五亿年的历史，也许已近十亿年之久。从这个意义上看，生命的世界尽管无疑是脆弱和复杂的，却也是不可思议地历久而弥新——甚至比山脉更加久远。而这种持久性完全有赖于遗传信息能够被几乎难以置信地精准复制并代代相传。"

然而，在这些作者放眼回顾的数亿年历史中，这种"难以置信的精准"还从未遭受过像20世纪中期这样，由人造放射性以及人造并人为散播的化学物质所造成的如此直接、如此强烈的威胁。杰出的澳大利亚医师、诺贝尔奖获得者麦克法兰·伯内特爵士认为这是"我们这个时代最为显著的医学特征之一，即作为越来越强大的治疗手段以及超越人体生物体验的化学物质生产的附带后果，本来可以阻断诱变

---

① 在无性繁殖的物种中，生物体内所有细胞的染色体数目都一样；而在有性繁殖的大部分物种中，生物体的体细胞染色体成对分布，称为二倍体。性细胞或称生殖细胞——如精子、卵子等，则为单倍体，染色体数目只是体细胞的一半。例如：在哺乳类动物的个体细胞中，雄性的性染色体对为XY，雌性的则为XX。

剂进入人体内部器官的一道道正常的保护屏障已经被越来越频繁地突破”。

人类染色体的研究尚处初级阶段，因此直到最近，才有可能研究环境因素对染色体的影响。直到1956年，新的技术才使我们得以确定人体细胞染色体的准确数目——46条，并有可能细致观察全部染色体是否存在，甚至可以对染色体的某一部分加以检测。环境中的某些因素可能造成遗传性损伤，这还是一个相对较新的概念，除了遗传学家以外，很少有人能够了解，而遗传学家的忠告又很少能被听取。各种形式的辐射造成的危害如今已相当为人所熟知——尽管在太多的地方，这一点仍在被极力否认。马勒博士常常深感遗憾，因为“有太多方面的人士都拒绝接受遗传原则，不光是政府部门的政策制定者，而且也包括太多的医学专业人士”。化学品可能扮演与放射线无异的角色这一事实几乎还从未出现在公众的概念当中，甚至就连大部分医学及科学工作者也还尚未意识到。也正因为如此，广泛使用的（不是实验室研究用的）化学品的作用还从未得到客观评测。这一工作亟待进行。

麦克法兰爵士并非唯一一位对这种潜在危险做出评估的人，英国一位杰出的权威人士皮特·亚历山大博士也说过，类放射性化学物质“很有可能比辐射造成的危险更大”。马勒博士凭借其在遗传学领域数十年的杰出研究所获得的洞察力，曾警告说各种化学物质（包括以杀虫剂为代表的那一类物质）“可能同放射性物质一样，能够大幅提高基因突变的概率……然而，在目前这种频繁接触异常化学品的现状下，我们的基因遭受这一类致突变因素的影响究竟达到了何种程度，我们尚且知之甚少”。

人们普遍忽视这些化学诱变剂可能造成的问题，或许是因为最早发现的那些诱变剂确实是仅仅用于科学利益的。比如，毕竟还没有人将氮芥子气从空中洒向整个人群，对它的使用仅仅掌握在实验室的生物学家手中，或者被医生用于癌症的治疗。（最近已经有一例报道表明，接受这种治疗的患者出现了染色体损伤。）可是，杀虫剂和除草剂确实已经与大量人群直接密切接触了。

尽管这一问题得到的关注少之又少，我们还是有可能收集到多种杀虫剂的具体信息，从而证明它们确实扰乱了细胞内部的核心进程——表现为小到染色体轻微损伤，大到基因的突变；造成的后果也包括发生癌变的终极灾难。

蚊子连续几代接触 DDT 后，会变成半雄半雌的奇怪生物，被称为“雌雄嵌体”。

施用过各种苯酚类化合物的植物遭受的后果包括，染色体严重的、深度的破坏，基因发生改变，突变的数量惊人，以及“不可逆的遗传改变”。遗传学实验中的经典实验对象——果蝇在接触苯酚后同样发生了基因突变；这些果蝇一经接触某种常用除草剂或者尿烷后，立刻发生突变，其破坏程度足以致命。尿烷属于氨基甲酸酯类化学品，而取自这一类化学品的杀虫剂及其他农用药物正在日益增多。其中两种氨基甲酸酯类化学品正在实际用于防止土豆在储藏期间发芽——恰恰就是因为它们已被证实的阻止细胞分裂的功效。另外一种防止发芽的药剂马来酰肼已被列为一种强力诱变剂。

施用六氯联苯（BHC）或者林丹的植物会呈现出怪异的畸形，根部出现类似肿瘤的块状突起物。它们的细胞会增大，会因染色体数量翻倍而肿胀。随着细胞进一步分裂，染色体的倍增现象也会持续，直到细胞分裂（实际上因体积过大）失去可能性。

除草剂 2，4–D 同样会使植物长出类似肿瘤般的肿块，使其染色体变短、变粗并聚集在一起，细胞分裂被严重阻滞。总的效果据说与 X 射线造成的影响极为相似。

类似例证还有很多，此处仅能列举一二。目前为止尚无人开展全面研究，以检测各类农药的致突变效应，上述援引的例证不过是细胞生理学或遗传学研究的附带成果。针对这一问题的正面研究亟待开展。

有些科学家虽然愿意承认环境放射性物质对人体的潜在影响，却对致突变化学物质是否具有相同效应这一更加实际的命题百般质疑。他们会引证放射性物质的强大穿透力，却认为化学物质未必能够进入生殖细胞。同样，由于对此问题几乎没有直接的调查研究，我们又一次备受牵制。然而，鸟类及哺乳动物体内的生殖腺体及生殖细胞含有大量 DDT 残留这一发现足以作为强有力的证据，证明至少氯化烃类化合物不仅会广布于生物体内，而且会与遗传物质直接接触。宾夕法尼亚州立大学的大卫·E. 戴维斯教授最近发现，一种可以阻断细胞分裂、并已有限度地用于癌症治疗的强效化学药物也同样可以导致鸟类不育，该药物虽不足以致死，却可以阻断生殖腺内的细胞分裂。戴维斯教授已经在野外实地测试中取得一定成果。由此可见，我们显然没有理由指望或相信任何生物的生殖腺能够屏蔽环境中的各种化学物质。

染色体畸变领域内的最新医学研究成果目前备受关注，且意义重大。1959 年，英法两国的多个研究团队发现，他们各自独立的研究却同时指向了相同的结论——人类某些疾病正是由于正常染色体数目遭到破坏所致。这些调查者研究过的某些疾病及畸形病例中，染色体数目均不正常。举例说明：目前已知的所有典型先天愚型[①]患者均比正常情况多出一条染色体。这条染色体有时会附着于另外一条，因此染色体总数可能仍保持 46 条这一正常值。不过通常说来，多出来的那一条染色体是独立存在的，因而总数就成了 47 条。这些人的缺陷最

① 先天愚型：又称 21 三体综合征、唐氏综合征、蒙古症，表现为扁平额、斜眼、小指头短等，是最先被描述的（1846 年）人体染色体畸变。1866 年英国医生 Down 氏再次报道后称为唐氏综合征，但直到 1959 年才确证此综合征病人细胞染色体异常，患者染色体总数为 47 个，第 21 对染色体变成了三个，故称 21 三体综合征。患儿双亲染色体并无异常，也无家族史，所以一般认为是母亲的卵子发生染色体不分离所致。

早的病因肯定是源自上一代人。

美英两国均有相当数量的患者患有一种慢性白血病，在他们身上似乎还有另外一种机制在起作用。他们体内的某些血细胞始终存在染色体异常，表现为染色体部分缺失。而这些患者的表皮细胞却拥有正常完整的染色体。这表明，该染色体缺陷并非发生在形成这些个体的生殖细胞中，而是在该个体自身生命周期内发生，仅针对某种特定的细胞（在这一病例中，矛头首先指向了血细胞）。一个染色体的部分缺失可能会使这些细胞无法获取发挥正常性能的“指令”。

自从这一新的领域开辟以来，与染色体紊乱相关的身体缺陷一直以惊人的速度增长，迄今仍有许多超越医学研究所及。比如有一种病，仅知名为“克氏综合征[①]”，是与一条性染色体的复制有关。发病个体均为男性，但是由于携带了两条X染色体（染色体为XXY核型，而不是正常的男性互补染色体核型XY），他多少会有些不正常：此病情会导致不育，并常常伴有身材过高、精神缺陷等临床特征。而相反，一个仅仅只获得一条性染色体（即X〇核型，而不是正常的女性XX或男性XY核型）的人实际上是女性，但是却缺乏许多第二性征。这种病情常常伴有多种生理上的（有时也有心智方面的）缺陷，这是因为另外那条X染色体当然会携带多种特征的基因。这种病则被称为“特纳氏综合征[②]”。这两种病情在医学文献中都早有记载，而当时却完全不知道病因。

许多国家的医学工作者都在染色体异常这一课题上进行了大量的

---

① 克氏综合征：又称克兰费尔特综合征、先天性曲细精管发育不全综合征，1942年首次描述并记载，是一种性染色体异常疾病，临床特征表现为睾丸小而硬、不育或生精障碍、男性乳房发育、身材过高及骨骼比例失常、高促性腺激素血症及多条X染色体核型。

② 特纳氏综合征：又称先天性卵巢发育不全综合征，1938年首次报道，1959年被证实系因性染色体畸变所致。患者为女性表型，但由于性染色体异常，卵巢不能生长和发育，无原始卵泡，也没有卵子，故缺乏女性激素，导致第二性征不发育和原发性闭经，是人类唯一能生存的单体综合征。

研究工作。在威斯康星大学，由克劳斯·帕陶博士带领的一个研究组一直在专注于各种常常伴有心智发育迟滞的先天性畸形的研究工作，这些畸变似乎都是由于一个染色体的部分复制所造成，好像是在某个生殖细胞的形成过程中，一条染色体在某个环节破碎，而其碎片又未能正确重组。这样的不幸事件往往会干扰胚胎的正常发育。

根据目前已知信息，一条完整的多余染色体的出现通常都是致命的，会使胚胎无法存活。只有三种已知的例外情形下胚胎可以存活下来，其中之一就是先天愚型症。此症中多出来的附加染色体的存在虽然会造成严重损害，但不一定致命；根据威斯康星州调查人员研究发现，这一情况很可能足以解释相当一部分目前尚未查明的、儿童具有多种先天缺陷并常伴有心智发育迟滞的病例。

这是一个全新的研究领域，目前科学界更加关注的还是同疾病及发育缺陷相关联的染色体异常的鉴定工作，而不是探究其原因。简单认定造成染色体损伤或行为异常的病因在于细胞分裂过程中的某种单独因素无疑是愚蠢的。但是，我们目前的环境中充斥着各种化学品，它们都能够直接攻击染色体，并对其造成同上述病情丝毫不差的影响，那么，这样的事实我们难道可以视而不见吗？仅仅为了让土豆不生芽、让露台没有蚊虫，我们就付出这样的代价难道不是太高了吗？

只要我们愿意，我们完全可以减少这一类针对我们的基因传承造成的威胁，这笔财产是生命原生质经历了大约二十亿年的进化和选择才传给我们的，况且它只是目前暂时属于我们，但最终我们还得把它传给子孙后代。然而，我们却没有做出任何努力来保护这笔财产的完整。尽管化学品制造商按照法律规定必须对其产品进行毒性测试，但是却没有要求他们进行测试以验证其产品对基因的确切影响，他们当然也不会这么去做。

第十四章　概率四分之一

生物抗癌之战由来已久，其源头已无从确定。不过，它一定始于一个自然的环境，在那里，栖居于地球的任何生命都必然遭受无论是好是坏的各种影响，因为这些影响恰恰发端于太阳、风暴以及地球的古老特性。这一环境中的某些因素所制造的危险，生命要么适应，要么灭亡。阳光中的紫外线辐射就可以引发癌变；某些岩石发出的射线也可以，还有从土壤或岩石中冲蚀而出、污染了食物和水源供应的砷元素。

早在生命出现之前，环境中就已存在这些危险因素，然而，生命还是出现了，而且数百万年以来，形成了数量庞大、种类繁多的生命物种。在那属于大自然的、不急不慌的漫长世代中，生命与那些破坏力量达成了适应状态：适应能力差的生命已被自然淘汰，只有最顽强的生命才得以存活下来。这些天然的致癌因子如今仍然是引发恶性病变的因素之一，然而，它们现已为数不多，而且从一开始生命就已被迫适应了这些古老的自然力。

随着人类的出现，局面开始发生变化，因为在所有形式的生命中，只有人类可以自主创造引发癌变的物质，医学术语称之为“致癌物”。有几种人造致癌物已经在环境中存在了几个世纪，其中一例就是含有芳香烃的烟尘。随着工业时代的到来，整个世界一直在持续不断、日益加速地变化。原本的自然环境正在迅速地被人为环境所取代，而这个人为环境里面充斥着全新的化学和物理的药剂，其中许多药剂拥有强大的诱发生物改变的能力。面对人类通过自身行为亲手创造的这些致癌物，人类却无以自保，因为恰如其生物遗传性进化缓慢一样，它对新环境的适应也非常缓慢。因此，这些强大的致癌物质可以轻而易举地突破人体脆弱的防线。

癌症的历史很久远，但是我们对癌症诱因的认识却进展迟缓。人类首次意识到外部或者环境因素可能导致恶性病变不过就是在近两个世纪之前，是由伦敦的一位医师最先想到的。1775 年，波希瓦·帕特爵士宣称，清扫烟囱的工人当中如此高发的阴囊恶性肿瘤肯定是由累积于他们体内的煤烟所致。当时他还无法提供我们今天所要求的“证据”，但是如今，现代研究方法早已将烟灰中的致命化学物质分离出来，从而证明了他的感性认识之正确。

在帕特的重大发现之后长达一个世纪甚至更久，人类对此似乎再无深入认识，也并不知道人类环境中多种化学物质都可能经由反复的皮肤接触、吸入或吞食而引发癌变。的确，也有人注意到在康沃尔和威尔士的铜矿冶炼厂和锡铸造厂里，长期暴露于含砷烟气的工人当中流行皮肤癌。还有人意识到萨克森的钴矿和波西米亚的阿希姆斯塔尔铀矿的工人易患一种肺部疾病，后来才确诊为癌症。但是，这些都是前工业时代的偶发事件，那时工业还没有繁荣，工业产品还没有遍及几乎每一种生命的生存环境。

直到 19 世纪最后的二十几年里，人类才对源于工业时代的恶性肿瘤有所认识。大约也是在同期，巴斯德[①]证实了许多传染性疾病都

---

① 巴斯德（1822—1895）：法国微生物学家、化学家。他奠定了工业微生物学和医学微生物学的基础，并开创了微生物生理学，使整个医学迈入了细菌学时代，被后世尊称为“细菌学之父”。美国学者麦克·哈特所著的《影响人类历史进程的 100 名人排行榜》中，巴斯德名列第 12 位，足见其在人类历史上的巨大影响力。他发明的巴氏杀菌消毒法至今仍在应用。

源于微生物；另有一些人也于同期发现了癌症的化学病因——包括萨克森新兴褐煤工业和苏格兰页岩工业内工人罹患的皮肤癌，以及因职业性接触柏油和沥青所致的其他某些癌症。到19世纪末，已有六种工业致癌物为人所知；而20世纪更是创造了数不胜数的新的化学致癌物质，并使普通民众也与之密切接触。在帕特研究之后的不到两个世纪中，环境状况已经发生了巨大改变。危险化学品已不再仅仅限于职业性的接触，它们已经进入每一个人的生活环境，甚至包括尚未出生的婴儿。因此，我们现在所知道的恶性疾病的惊人增长也就不足为奇了。

这种恶性疾病的剧增绝不仅仅是一种主观想象。人口动态统计局在1959年7月的月报中指出，恶性肿瘤——包括淋巴组织和造血组织的恶变在内，占1958年死亡病例的15%，而1900年仅占4%。从目前这类疾病的发病率判断，美国癌症协会推算，现有美国人口中将有四千五百万人最终会罹患癌症；就是说，每三个家庭中将有两人遭受这类恶性疾病的打击。

就儿童而言，情况更是令人深感不安。二十五年前，儿童患癌在医学界被认为是罕见之事；而今，美国学龄儿童中死于癌症的比例超过其他任何一种疾病的死亡率。局势如此严重，以至于波士顿已经成立了全美首家专门致力于儿童癌症诊疗的医院。在一至十四岁儿童的死亡病例中，12%死于癌症。五岁以下儿童在临床中发现了大量恶性肿瘤的病例，然而更加可怕的事实却是，相当数量的恶性肿瘤生长是在初生甚至待产婴儿身上出现的。环境致癌方面的绝对权威、国家癌症研究所的W.C.惠珀医生认为，先天性癌症及婴儿患癌可能与母体在怀孕期间接触过的致癌药剂的作用有关，这类物质穿透胎盘并直接作用于正在迅速发育的胚胎组织。实验表明，动物体接触致癌药剂时越是年幼，患癌的概率也就越大。佛罗里达大学弗朗西斯·雷博士警告说："我们可能正在用食品中添加的化学物质亲手引发儿童身上的癌症……或许这一两代人之内尚且看不出将会发生什么后果。"

这里，我们所关心的问题就是，我们为了努力控制自然而使用的化学物质是否会直接或间接地引发癌症。依据动物实验所得证据，我们可以看出其中五种或者也可能六种农药确定应被列为致癌物。如果再把某些医生认为会引发人类白血病的化学品算在内的话，那么这个致癌物名单更是会大幅加长。当然，这里的证据只是间接的，而且也只能这样，因为我们不可能在人类身上进行试验，不过即便如此，这些证据也足够惊人了。如果再加上那些可能对生命组织或细胞产生间接致癌作用的化学品，那么还会有更多的农药被纳入这份名单。

砷是与癌症相关的早期农药之一，最早是以砷酸钠的形式用作除草剂，或以砷酸钙及其他多种化合物的形式用作杀虫剂。砷与人体及动物癌变的关联可谓由来已久了。有关接触砷可能导致的后果，最引人关注的例证莫过于惠珀医生在其经典专著《职业性肿瘤》一书中提及的案例。西里西亚地区的雷彻斯坦市近一千年来一直是金矿和银矿的开采地，砷矿开采也有数百年的历史了。几个世纪以来，砷矿废料堆积在各大矿井周围，又被山上流下来的溪水获取；同时地下水也受到污染，砷由此进入了饮用水。在几个世纪中，该地区许多居民均患有一种疾病，后来干脆被称作“雷彻斯坦病”——即慢性砷中毒，并伴有肝脏、皮肤以及消化系统和神经系统的紊乱。多种恶性肿瘤也常常相伴而生。如今，雷彻斯坦病只具有历史意义了，因为二十五年前，这里提供了新的水源，砷已经基本从水中清除。然而，在阿根廷科尔多瓦省，慢性砷中毒连同砷化皮肤癌目前仍是该地流行病，因为取自含砷岩层的饮用水受到了污染。

如果长期使用砷制杀虫剂，就不难制造出同雷彻斯坦和科尔多瓦相类似的情形。在美国，烟草种植园、西北部许多果园以及东部蓝莓产地的大片土壤都已被砷剂浸透，导致水源污染可能是轻而易举的事。

砷污染的环境不仅危害人类，动物也无处可逃。1936 年，一份来自德国的报道倍受关注。在萨克森州弗莱贝格附近区域，银矿和铅矿

的冶炼厂将大量含砷烟气排入空气中，并飘向周围的乡村，最终落向了植被。据惠珀医生称，以这些植物为食的马、牛、羊、猪等均表现出毛发脱落和皮肤增厚的症状。栖居在附近森林的鹿群有时会出现异常色素沉着点以及癌症前期的疣肿，其中一只已确定无疑发生了癌变。家畜和野生动物均有罹患“砷化肠炎，胃溃疡和肝硬化”。冶炼厂附近放养的绵羊患上了鼻腔癌，死后在其脑髓、肝脏及肿瘤中都测出了砷。该地区还出现“大量昆虫死亡，尤以蜜蜂为重。此后，降雨又将砷制粉剂从叶子上冲刷下来，带入附近的溪水、池塘，造成了大量鱼类死亡”。

一种广泛用于防治螨虫和扁虱的化学物质是新型有机类农药中的典型致癌物。这款农药的历史充分证明，尽管理论上法律提供了所谓的保护措施，可是由于法律诉讼程序进展迟缓，很有可能公众已经暴露于已知致癌物之下多年，局势才终于得以控制。再换一个角度看，这段历史的来龙去脉也颇为耐人寻味，因为它证明，今天公众还被告知“安全”的、可以接受的事物，明天或许就变成了极其危险之物。

1955 年，这种化学品刚刚上市，生产商申请了一个容差值，即容许喷洒该药的作物上有少量残留。根据法律要求，厂商在实验室动物身上做了化学测试，并将测试结论随申请同时提交。然而，食药监局的科学家们认定测试结果显示该药物可能具有致癌倾向，于是执行专员自然建议采纳“零容忍”，就是说，跨州界贸易的食品中，法律上不允许含有该药物的任何残留。但是生产商拥有合法的上诉权，于是该案交由立法委员会定夺。该委员会的判决是个折中方案：先将容差值暂定为百万分之一，产品上市销售两年以观后效，其间同步进行实验室测试，以进一步确定该药是否果真为致癌物。

虽然该委员会没有明说，但其判决实际上就意味着公众要充当豚鼠的角色，陪着实验用狗和实验用鼠一起测试疑似致癌物。不过还是实验动物反应敏捷，更快给出了结论——两年后，证据确凿，该除螨剂确为致癌物。可是即便已经到了这个地步，1957 年当年的食药监局还是无法立刻废止这一容差值，眼睁睁看着这种已知致癌物的残毒继续污染公众入口的食物——因为走完各种法律程序还另需花费一年的时间。1958 年 12 月，这项早在 1955 年就被当时的执行专员建议的零容忍终于开始生效。

这些还远非农药当中仅有的已知致癌物。在对实验室动物进行的测试中发现，DDT 引发了疑似肝脏肿瘤。报道这一发现的食药监局的科学家们无法确定该将肿瘤划归哪一类，不过感觉“有理由认定它们为低级肝细胞癌肿”。惠珀医生现在已将 DDT 确定为“化学致癌物”。

属于氨基甲酸酯类的两种除草剂 IPC 和 CIPC 被发现可致鼠类皮肤肿瘤，其中某些肿瘤为恶性。这两种农药似乎可以首先引发恶变，然后再由环境中普遍存在的其他化学物质完成全部的恶变进程。

除草剂氨基噻唑已经在实验动物身上引发甲状腺癌。这一农药在 1959 年被许多蔓越莓种植户滥用，导致某些在售浆果出现残留。随后，食药监局对遭受污染的蔓越莓执行收缴行动时却产生了争议，该药物确实会引发癌变的事实居然受到人们的质疑，其中甚至不乏医学界人士。食药监局发布的科学数据清楚表明氨基噻唑对实验用鼠的致癌特性：在这些动物的饮用水中以百万分之一百的比例加入这一化学品后（即一万勺水中掺入一勺药物），它们在第六十八周开始生出甲状腺肿瘤。两年后，超过半数的受测老鼠均出现这类肿瘤。经诊断，这些肿瘤类型不一，有些为良性的，有些为恶性的。即使低剂量给药，肿瘤同样出现——事实上，尚未发现有不会产生毒效的剂量存在。当然，没有人知道多大剂量的氨基噻唑会对人类产生致癌作用，但是，正如哈佛大学一位药物学教授大卫·鲁茨坦博士指出的那样，可以对人类具有实用价值的剂量，同时也就很有可能给他带来危害。

到目前为止，还没有充分的时间足以揭示新型氯化烃类杀虫剂及现代除草剂的全部影响。大部分恶性肿瘤的形成都比较缓慢，需要考量受害者生命中相当长的潜伏期才能看清临床症状。在 20 世纪 20 年代早期，负责给表盘刷涂荧光数字刻度的女工们因为口唇经常接触毛刷而摄入了微量的镭，结果历经十五年甚至更久之后，其中一些女工罹患骨癌。因职业性接触化学致癌物而引发的各类癌症已被证实的潜伏期可以长达十五年到三十年，甚至还有更久的。

与工业界从业人员接触各种致癌物的历史相比，军事界人员首次接触 DDT 大概始于 1942 年，而平民大约始于 1945 年，不过直到 50 年代初期，林林总总的化学农药才开始大量付诸应用。无论这些化学物质究竟播下了什么不祥之种，目前要想看到它完全成熟后有何苦果还为时尚早。

尽管大部分恶性肿瘤通常都有较长的潜伏期，不过目前已知有一种例外，那就是白血病。广岛的幸存者们在原子弹爆炸后仅三年便开始出现白血病，而且现在有理由相信，其潜伏期可能比这个还要短得多。或许终究还会发现其他类型癌症有更短的潜伏期，不过目前看，白血病似乎是癌症发病极其缓慢这一一般规律的唯一例外。

在现代农药迅速兴起的这一段时期内，白血病的发病率也在同步上升。全国人口动态统计局公布的数据清楚表明，这种造血组织的恶性疾病增长速度已达令人不安的程度：仅 1960 年一年内，白血病便夺走了 12 290 名患者的生命；而死于所有类型的血液及淋巴系统恶性肿瘤的患者人数更是高达 25 400 人，较 1950 年 16 690 人的数字有了大幅增加。换算成每十万人的死亡比例的话，1950 年为 11.1，而 1960 年已增至 14.1。这一增长绝非仅限于美国；在所有国家内，各个年龄段的白血病患者有记载的死亡率都在以每年四到五个百分点的速度增长。这究竟意味着什么呢？究竟是哪一种或哪些种环境中前所未有的致命药剂正在迫使人类越来越频繁地接触呢？

像梅奥诊所[①]这样世界知名的医疗机构也不得不接受数百例因此类造血器官疾病而致的死亡病例。梅奥诊所血液科马尔科姆·哈格雷

① 梅奥诊所：世界著名私立非营利性医疗机构，1864年由梅奥医生在明尼苏达州罗切斯特市创建，是全世界最具影响力和代表世界最高医疗水平的医疗机构之一，在医学研究领域处于领跑者地位。

夫斯博士和他的同事们报道说，这些患者几乎毫无例外地都有过接触各种有毒化学品的经历，包括各种含有 DDT、氯丹、苯、林丹以及石油蒸馏物的喷剂。

哈格雷夫斯博士相信，同各种有毒物质的使用相关的环境疾病一直在增加，“尤其是在过去十年间”。凭借自己丰富的临床经验，他相信“患有血液及淋巴系统恶性疾病的患者绝大多数都与各种烃类化合物有过相当长的接触史，而这类化合物基本囊括了现今大部分农药。一份精心记录的病历几乎无一例外会证实这类关联”。这位专家现已基于他所诊治过的每一位患者建立了大量详尽的个案病例史，其中包括白血病、再生障碍性贫血、霍奇金病以及其他血液及造血组织紊乱。他据此报告说：“他们全部接触过这些环境致病因子，并达到了相当的接触量。”

这些个案病史显示什么呢？其中一则病例有关一位痛恨蜘蛛的家庭主妇：8 月中旬的某一天，她带着含有 DDT 及石油蒸馏物的气雾喷剂进入地下室，对那里进行了彻底喷洒——楼梯下面、水果储藏柜以及天花板和椽子周围所有隐蔽遮挡的部位。刚刚喷完，她便开始感觉极不舒服，并有恶心及极度的焦虑和紧张感。几天后，她感觉略好；然而，她显然完全没有察觉发病原因，于是又在 9 月份重复了给药程序；就这样经历了两次循环——喷药、病倒、暂时康复、再次喷药。第三次喷洒气雾剂后，新的症状出现：发烧、关节疼痛、萎靡不振、一条腿突发急性静脉炎。经哈格雷夫斯博士检查，确诊为急性白血病。她于第二个月死亡。

哈格雷夫斯博士的另外一个病人是位职业男性，他的办公室位于一座老旧大楼，里面有大批蟑螂出没。这些昆虫的存在令他困扰不已，于是决定亲自动手将其剿灭。他花了大半个礼拜天的时间，喷洒了地下室及所有隐蔽角落。喷剂为以甲基萘溶剂配制的、浓度为 25% 的 DDT 的混悬液。很快，他开始出现瘀肿、出血。进入诊所时浑身多处出血点都在流血。血检分析表明其骨髓造血机能受到严重抑制，即患上了再生障碍性贫血。接下来的五个半月里，他共接受了五十九次输血及其他辅助治疗，此后病情略有好转；但是，大约九年以后，他又患上了致命的白血病。

说到农药，病例史中最显眼的化学品包括DDT、林丹、六氯化苯、硝基苯酚、常见的防蛀晶体对二氯苯、氯丹，当然，还有溶解这些药物的溶剂。正如这位医师强调的那样，单纯接触某种单一化学物质的情况只是个案，不具有普遍性。因为在售同类商品通常都含有几种化学物质的组合，混悬于石油蒸馏液外加某些分散剂当中。这类载体通常都含有芳香烃及不饱和烃类化合物，因此本身就是给造血器官造成损害的主要因子。当然，若仅从实际视角而不是医学角度看的话，做不做这种区分其实无关紧要，因为这些石油溶剂是大部分常用喷剂不可或缺的一部分。

美国及其他国家的医学文献中都有许多典型病例可以支持哈格雷夫斯博士的观点，即这类化学品与白血病及其他血液病之间存在着直接因果关系。这些病例中不乏各类普通民众，比如被自己的喷药设备或大型喷药飞机施药后的“降尘”所伤的农民、为了除蚁而在书房喷药并继续留在房间学习的大学生、在家中添置了便携式林丹喷雾器的主妇、在刚刚喷过氯丹和毒杀芬的棉田里劳作的工人，等等。这些病例虽然满是医学术语，却也不能完全掩盖住一幕幕的人间悲剧，比如捷克斯洛伐克这一对表兄弟的故事：两个男孩住在同一个镇上，并且总是一起工作，一起玩耍。他们最后的、也是致命的一份工作，是在一家合作农场装卸袋装杀虫剂（六氯化苯）。八个月后，其中一个男孩患了急性白血病，九天后就死掉了。他的兄弟大约也在同期开始出现疲劳和发烧的症状。三个月后，他的症状恶化，最后也住进了医院。同样，诊断结论为急性白血病；同样，病魔也完成了它的杀手使命。

再来看看一位瑞典农民的个案。很奇怪，他居然让人想起“福龙号”金枪鱼渔船上的日本渔民久保山[1]。像久保山一样，这位瑞典农民生前也是身体健康；也像久保山靠海洋为生一样，他靠他的土地为生；他们都是被天空飘来的毒药宣判了死亡，其中一个是放射性微尘，另外一个则是化学粉尘。这位瑞典农民此前给大约六十亩地施用了主要成分为 DDT 和六六六的粉剂。在他干活时，阵阵清风卷起粉尘微粒，在他身边飘飞。根据隆德市内科门诊的诊疗报告记载："当天晚上他就感觉异常疲倦，接下来的几天里，他始终感觉虚弱无力，并伴有背痛、腿疼、打寒战，最后终于卧床不起。然而，他的病情继续恶化，并于 5 月 19 日（喷药后一周）申请入院。"此时他已经高烧不退，血象异常，于是被转往市内科门诊，在那里挨了两个半月后死亡。死后的尸检显示，他的骨髓已经完全萎缩。

像细胞分裂这样正常而必要的进程何以会被改变而成为异化和毁灭的力量，这个问题吸引了数不胜数的科学家的关注，也耗费了难以计数的研究资金。细胞内部究竟发生了什么，才使它的有序增殖变成了不可控的癌细胞增生呢？

如能找到答案的话，那答案想必也是多种多样的。正如癌症本身具有多种形态一样，其表现形式自然也是多种多样，在各自的病源、病情发展进程以及影响其生长或消退的因素等方面都各不相同，因此也一定会有相应的各自不同的病因。不过，位于各种表象之下的深层原因，或许就是细胞遭受的几种基本损伤。在遍布世界各地的研究项目中，甚至在有些根本不是作为癌症研究而着手进行的项目中，我们还是看到了第一线曙光，或许有一天，它终将把这一问题照亮。

我们又一次发现，只有着眼于生命世界的最小单位——细胞和染色体，我们才能穿透重重迷雾，看到更加广阔的视界。在这里，在这个微观的世界里，我们必须努力寻找不知以什么方式居然使细胞奇迹

---

① 1954 年 3 月 1 日，美国在马绍尔群岛附近的比基尼岛进行了一次氢弹爆炸试验，其放射性微尘意外降落在位于附近公海的日本渔船“福龙号”上，23 名船员及满船的金枪鱼全部遭受辐射。同年 9 月底，其中一名船员久保山病逝。

般的运作机制发生位移并脱离了正常模式的那些因素。

有关癌细胞的由来有各种理论，其中最引人注目的理论之一是由德国生化学家、马克斯·普朗克研究所细胞生理学研究分部的奥托·瓦伯格所提出的。瓦伯格毕生都在致力于研究细胞内部复杂的氧化进程。凭借在此课题内的广泛而深入的研究，他对正常细胞如何癌变的方式做出了引人注目的、清晰的解释。

瓦伯格认为，不论是放射性致癌物还是化学致癌物，它们的作用方式都是破坏细胞正常呼吸，从而剥夺它们所需的能量。这一作用也可能因微小剂量反复给药而致，而这种影响一旦造成，其结果是不可逆的。那些没有被呼吸作用致毒剂完全杀灭的细胞会极力挣扎，以弥补失去的能量。不过，它们此时已经不能再进行那种非凡而高效的氧化循环来产出大量 ATP 了，而是被迫退返到一种原始的、效率低得多的方式，即发酵作用。这种借助发酵作用而挣扎存活的状态会持续很长时间，并且会通过随后的细胞分裂而向下传递，这样一来，所有的后代细胞便全部以这种异常方式进行呼吸了。一旦细胞失去其正常的呼吸方式，它是不可能重新找回的——一年不行、十年不行，甚至几个十年都不行。然而同时，在这场为了找回失去的能量而进行的艰苦卓绝的斗争中，那些存活下来的细胞却开始一点一点地通过增加发酵而加以补偿。这其实就是达尔文式的生存之战——只有适应能力最强的个体才能存活。最终，这些细胞达到了仅以发酵作用即可产出与呼吸作用同等能量的“境界”。此时就可以说，癌细胞已经取代了正常人体细胞。

瓦伯格的理论解释了许多原本令人困惑的问题。大部分癌症的潜伏期之所以很长，就是因为细胞要经过无数次的分裂，而其间，从呼吸作用遭到初始破坏，到发酵作用逐渐增加，这个过程需要大量时间。当然，发酵作用成为主导方式所需的时间会因物种而异，因为发酵作用的速度不同：比如鼠类所需时间较短，因此癌症发病就快；而人类所需时间很长（甚至需要几十年），因此恶性病变的进程就相当缓慢。

瓦伯格的理论还解释了为什么在某些情况下，反复摄入小剂量致癌物反而比一次性大剂量摄入更加危险：后者可能将细胞一次性彻底杀灭，而小剂量摄入却使某些细胞得以存活，只是进入了受损状态，而正是这些幸存者随后发展成了癌变细胞。这也就是为什么说致癌物没有所谓“安全”剂量的原因。

在瓦伯格的理论中，我们还能对原本不可理解的一个事实找到合理解释——即对治疗癌症大有裨益的一种介质，同时却又是引发癌症的因素之一。众所周知，放射线就是这样，它可以杀灭癌细胞，但是也可能引发癌变；如今用于抗癌的许多化疗药物也是这样。何以如此呢？其实就是因为这两种介质都会破坏呼吸作用。癌细胞的呼吸作用本已受损，再外加一点破坏力的话，它们自然会死亡。而呼吸作用初次遭受破坏的正常细胞虽然不会被杀灭，但是却踏上了最终可能导致癌变的不归路。

瓦伯格的想法在 1953 年得到了证实，因为当时有研究者仅仅通过在较长时期内间歇中断氧供应的方式，就将正常细胞变成了癌细胞。接着，1961 年又有了新的证明，而且这一次是来自活体动物，而非人工培养的组织。研究者将放射性示踪剂注入患癌老鼠的体内，然后通过它们对细胞的呼吸进行仔细测定，结果发现，其发酵作用所占比例明显高出正常，正如瓦伯格曾预见的一样。

根据瓦伯格确立的标准，大部分农药都太符合致癌物的绝对标准了，简直令人不安。正如我们在前一章所见，许多氯化烃类、苯酚类以及某些除草剂都会干扰细胞内部的氧化过程和能量产生机制。通过此类方式，它们可能创造出一些休眠癌细胞，这些细胞内部发生的不可逆的癌变可能长时间处于蛰伏状态而难以察觉，直到最后它突然发作，以高辨识度的癌症形式横空出世，而此时，它的起因早已被遗忘，甚至根本无从查证。

另外一条通向癌症之路可能是经由染色体实现。这一领域内许多杰出的研究人员都对破坏染色体、干扰细胞分裂或引发突变的一切因素持怀疑态度。在他们看来，任何突变都是潜在的癌症诱因。虽然有关突变的讨论通常都是指生殖细胞，其影响可能需要未来几代才能感受到，不过体细胞本身也是可以发生突变的。根据癌症起源于突变的理论，一个细胞在放射线或化学物质影响下，可能会发生突变，使其摆脱身体在正常情况下对细胞分裂拥有的控制权。于是，这个细胞便得以疯狂地、毫无节制地繁殖，而分裂后形成的新的细胞也同样拥有摆脱机体控制的能力，因此，这类细胞不断累积，最终构成癌瘤。

其他研究者指出一个事实，即癌组织内部的染色体都不稳定，它们往往容易破裂或受损，数量也不确定，甚至可能出现两套染色体。

最先追踪到染色体异常同实际癌变之间有关联的是在纽约斯隆凯特林研究所工作的阿尔伯特·莱文和约翰·J. 比泽尔。至于说到癌变和染色体异常究竟孰先孰后的问题，这些研究人员毫不迟疑地认定“染色体变异先于癌变”。他们的推测是，在染色体开始受损并因此而不稳定之后，大概会有很长一段时间的、跨越多代细胞的“反复尝试和错误”的过程（这就是癌变的漫长潜伏期），其间一系列的突变积累起来，最终使细胞摆脱控制，开始了典型的、癌症式的无序增生。

染色体不稳定论的早期支持者之一欧基文德·温格认为染色体倍增现象尤为意义重大。六氯化苯及其同类农药林丹经反复观察，已确知可使实验植物染色体倍增，而正是这些化学物质与大量有案可查的致命贫血症均有牵连，那么，这二者之间仅仅是巧合吗？而其他那些干扰细胞分裂、破坏染色体、引发突变的多种农药又如何呢？

不难理解，为什么白血病会是因接触放射物或具有类似放射效果的化学品所致疾病中最常见的一种。因为这些物理或化学的致突变因子所攻击的主要目标，正是那些分裂尤为活跃的细胞；这个当然包括各类组织，不过其中最重要的就是造血组织。骨髓是整个生命期间红细胞的主要制造者，大约每秒钟可以向人类血液输送一千万颗新生细胞；而白细胞则形成于淋巴腺体和某些骨髓细胞中，形成速度虽然易变，但仍可谓速度惊人。

某些化学物质对骨髓具有一种特殊的亲和力，这又一次让我们想起了类似锶-90这样的放射性产物。作为杀虫剂溶剂的常见成分之一的苯，也可以进驻骨髓，并在那里沉积长达二十个月之久。而多年以来，苯本身早已在医学文献中被确认为白血病的病因之一。

儿童的身体组织发育迅速，这也恰恰为癌变细胞的发展提供了最适宜的条件。麦克法兰·伯内特爵士曾指出，白血病不仅在世界范围内迅速增长，而且业已成为三到四岁这个年龄段最常见的疾病，其他任何一种疾病都没有在这个年龄段表现出如此高的发病率。根据这位权威人士所说，"发病峰值出现在三到四岁这个年龄段，这几乎没有其他任何合理的解释，只能认定这些年轻的生物体在出生前后就已接触诱变物质"。

尿烷是另外一种已知的引发癌症的诱变原。孕期老鼠摄入这种化学物质后，不仅母体本身患上肺癌，而且其新生幼鼠也同样出现肺癌。在这些实验中，幼鼠可能接触尿烷的唯一机会是在其胎儿期内，这表明该化学物质一定是通过了胎盘。一如惠珀医生所提出的警告，在接触尿烷及相关化学品的人群中，存在着肿瘤借由产前接触而在婴儿体内形成的可能性。

尿烷属氨基甲酸酯类，在化学上与除草剂IPC和CIPC相关。尽管癌症专家一再警告，氨基甲酸酯类化合物还是被广为应用，不仅作为杀虫剂、除草剂和杀菌剂，而且被制成包括塑化剂、药品、衣物以及绝缘材料在内的多种产品。

通向癌症之路也可能是间接的。有些物质本身并非常规意义上的致癌物，但是却可能干扰身体某些部分的正常机能，从而导致恶性病变。某些癌症可以提供重要例证，尤其是生殖系统的癌症，它们似乎与性激素失衡有关联，而说到这种失衡，可能在某些情况下又恰恰是因肝脏维持性激素正常水平的能力受到影响而导致的后果。氯化烃类化合物恰恰就是这种可以引发间接致癌作用的药剂，因为所有该类化学品一定程度上都对肝脏有毒害。

性激素当然是正常存在于体内，并起到必要的刺激各生殖器官生长的作用。但是机体有一种内在保护机制，可以防止激素过分累积，肝脏的作用之一就是保持雄性激素和雌性激素之间适度平衡（两种激素都会在两性体内产生，只是数量比例各自不同），并防止其中任何一个过多累积。然而，一旦肝脏因疾病或化学药物而受损，或者 B 族复合维生素供应不足的话，它便无法完成这一使命。在这种情况下，雌性激素就会逐渐累积到异常高的水平。

那么其后果呢？至少在动物身上，我们已通过实验获得了大量的证据。在其中一例实验中，洛克菲勒医学研究院的一位研究人员发现，兔子的肝脏因疾病而受损后，会表现出子宫肿瘤的极高发病率；据信，这是由于肝脏已经无法再抑制血液中雌性激素的活性，以至于让它们“最终升至致癌的水平”。对小鼠、大鼠、豚鼠及猴子的大量实验表明，雌性激素（不一定需要很大的量）长期处于支配地位会导致生殖器官的组织内发生多种改变，“从良性增生到确定的恶性病变”。通过给欧洲大鼠注射雌性激素，已经诱发了肾脏肿瘤。

尽管医界对此问题存在争议，但确有大量证据证明，同样的影响也可能发生在人体组织内。（加拿大）麦吉尔大学皇家维多利亚医院的研究人员发现，他们研究过的一百五十例子宫癌病例中，有三分之二的病例显示出了雌性激素异常增高的情况。后来一个系列的二十个病例中，90% 出现了类似的雌性激素活性过高。

很有可能肝脏的损伤已经足以妨碍它对雌性激素的控制，可是凭医疗界现有的测试手段尚不能检测出来。氯化烃类就能轻易造成这种情况，因为正如我们所见，摄入这类药物哪怕很小剂量，即会引发肝脏细胞的变化。同时，它们还会造成维生素 B 的流失；这一点也极为重要，因为已有诸多证据表明这类维生素具有抗癌的保护作用。斯隆凯特林研究院肿瘤研究所的前所长、已故的 C.P. 罗兹曾发现，在被喂食了酵母——一种富含天然 B 族维生素的食物后，直接接触强效化学致癌物的实验动物居然没有患癌。这类维生素的缺失现已被发现与口腔癌及消化道其他部位的肿瘤相伴而生。这一状况不仅在美国已被察觉，而且在瑞典和芬兰的最北部地区也有发现，而那些地方的饮食向来缺乏维生素。易患原发性肝癌的人群，比如非洲的班图部落，则典型是因营养不良而致。在非洲某些地区高发的男性乳腺癌跟当地的肝病及营养不良也有关联。在战后的希腊，男性乳房增大在饥饿时期是常见现象。

简而言之，有关农药间接致癌作用的论证是有凭有据的，因为它们已经被证实有能力损伤肝脏细胞并减少维生素 B 的供给，从而导致“内源性”的——即由机体自身产出的雌性激素激增现象。而除此以外又雪上加霜的是，我们正在日益接触更大量的、多种多样的合成雌性激素，它们普遍存在于化妆品、药品、食品之中，以及多种相关行业内。两者之间的联合效应更是值得特别关注。

人类同致癌化学物质（包括但不限于农药）的接触是难以控制的，而且形式也是多种多样的。一个人可能会通过多种方式接触同一化学物质。砷就是其中一例。它在每个人的生存环境中都无所不在，只是幻化成不同面貌而已：比如作为空气污染物、水污染物、食物农药残留、药品、化妆品、木材防腐剂或者作为涂料和油墨中的着色剂，等等。其中任何一种单一的接触尚不足以促成癌变，这一点确实是很有可能的——不过，当天平的一端已经载满了各种所谓的“安全剂量”时，外加任何一次据称“安全的剂量”便足以使天平倾覆。

再说，伤害还有可能来自两种或者更多不同致癌物的共同作用，于是就有了它们的毒效之总和。比如说，一个接触过 DDT 的人几乎可以肯定也同时接触过其他损伤肝脏的烃类化合物，因为它们用途实在太广：溶剂、脱漆剂、去油脂剂、干洗液以及麻醉剂等。那么，DDT 的“安全剂量”又该是多少呢？

还有一个事实会使情况更加复杂化：一种化学物质可能作用于另外一种，并改变其作用效果。癌变有时可能需要两种化学品的共同作用，其中一种使细胞或组织变得敏感，然后在另外一种化学品或者催化剂的作用下，才生出真正的恶性肿瘤。这样的话，在炮制皮肤癌的过程中，除草剂 IPC 或 CIPC 可能仅充当“始作俑者”——它们播下了癌变的种子，随后另外一个“角色”——可能就是普通的洗涤剂，使其得以实际发生。

另外，在物理因素和化学因素之间，也可能存在着相互作用。比如白血病的形成就可能分作两个阶段——先由 X 射线引发恶性病变，再由一剂化学品，如尿烷，发挥催化作用。人类种群日益暴露于各种来源的放射线之下，再加上同各类化学物质的频繁接触，这无疑给现代社会提出了新的严峻问题。

放射性物质对水源的污染提出了另外一个难题。水中本身含有多种化学物质，而作为水污染物存在于水体中的放射性物质就会在电离辐射的作用下，改变水中各种化学物质本来的特性，使其原子发生变幻莫测的重新排列，从而创造出全新的化学物质。

全美水污染专家都在关注一个事实：洗涤剂如今已成为公共水源中一个非常棘手却又几乎无处不在的污染物，目前的水处理技术根本无法将其清除。洗涤剂虽然很少被认为有致癌性，但是，它们完全有可能以间接方式促进癌变：它们会作用于消化道的内壁，改变其组织，使其更容易吸收危险化学品，并进而加重这些化学品的毒效。可是，这一类作用谁能预见呢？又如何施控呢？在如此千变万化的“万花筒”里，除了零剂量以外，还有什么剂量的致癌物可以被称为“安全剂量”吗？

我们容忍这些致癌因素存在于环境之中，就得自负后果，而这种危险后果在最近一次事件中得到了清楚证明。1961 年春，在联邦、各州及私人所有的多处养鱼塘里，大量的虹鳟鱼开始流行一种肝癌。美国东部和西部地区的鳟鱼全部受到了影响，在某些地区，几乎百分百三岁以上鳟鱼全部患癌。之所以有此发现，是因为国家癌症研究所环境致癌科事前曾与鱼类及野生生物管理局有过约定，要求他们对所有鱼类肿瘤做出通告，以便能对人类因水污染物而致癌的危险提前做出预警。

尽管有关这一次如此大面积暴发的流行病确切病因的调查仍在进行当中，不过目前看最明显的疑点指向的是加工好的鱼苗饲料里含有的某种药剂。这些饲料中除了基本食料外，还加入了种类多得惊人的化学添加剂及药物成分。

这次鳟鱼事件从许多方面来看都具有重要意义，但首先还是作为一次前车之鉴，说明了当一种强力致癌物进入任何一个物种的生存环境后可能发生什么后果。惠珀医生将这一流行病描述为一次严正警告：我们必须在控制环境致癌物的数量和种类方面予以更大的关注。他说："若不采取防范措施，就等于是在日益创造条件，让类似灾难在不久的将来发生在人类身上。"

我们正生活在一位研究人员称之为"致癌物的汪洋大海"之中，这一发现自然令人沮丧，而且很容易引起绝望和失败主义的情绪。最常见的反应是："这局面岂不是无可救药了吗？要把致癌物质从我们的环境中清除岂不是完全没有可能？是不是最好别浪费时间再做无用功了？还不如孤注一掷全力研发癌症的治疗方法呢！"

面对这样的问题，惠珀医生给出的答案显然是经过了深思熟虑，是基于他毕生的研究和经验的，而他在癌症研究方面多年的杰出工作使他的意见备受尊重。惠珀医生相信，我们今天因癌症而面临的局面十分类似于人类在19世纪末期所面临的那些传染病的局面。当年，由于巴斯德和科赫的出色工作，病原微生物与多种疾病之间的因果关系已经被确立。医学人士，甚至普通民众都开始意识到在人类的环境中存在着数量巨大的、足以致病的微生物，正如今天充斥着我们身边这个世界的致癌物一样。而当年的大部分传染病如今已得到了有效的控制，有些甚至已经被消灭了。取得如此辉煌的医学成就，靠的是两面夹击——既重预防又重治疗。尽管在门外汉看来，那些"神奇药丸"和"灵丹妙药"功勋卓著，但是实际上，在那场对抗传染病的战争中，真正决定性的战役大部分都是靠清除环境中的病原微生物的系列举措。一百多年以前伦敦暴发的那场霍乱就是一个历史先例。伦敦的一位医师约翰·斯诺根据发病情况绘制了一张地图，发现所有病例都发源于同一个地区，而该地区所有居民都从位于宽街的一座水井里取水。按照预防医学迅速果断采取行动的原则，斯诺医生即刻更换了水泵的手柄。疫情就此得到了控制——并非用了什么杀灭霍乱病菌（当时还不为人知）的神奇药片，而是通过清除环境中的致病源。就算谈到治疗措施，也不是仅仅需要治愈病人，而是还得攻克感染的疫源。目前结核病已相对较罕见，很大程度上就是由于普通人现在已经很少能接触到结核杆菌。

我们发现，如今整个世界已经充满致癌物。在这场癌症攻坚战中，如果我们把全部或者大部分精力集中在治疗措施上，即使我们假定可以找到“治愈良药”，按照惠珀医生的观点，我们也一定会失败，因为这种做法将环境中大量蓄积的致癌物质弃之不顾，任它们继续夺走更多生命，其速度远非目前尚难以捉摸的“癌症疗法”的治愈力之所及。

为什么这种稍有常识便可知的对付癌症的方法我们却迟迟不肯接受呢？或许就如惠珀医生所说，“治愈癌症患者这一目标远比预防癌症更加令人振奋、更易为公众感知，也更能光环加身、回报丰厚”。然而，防止癌症生成“无疑更加人道”，而且可以“远比癌症疗法更加有效”。惠珀医生不愿再听到什么承诺“每天早饭前服用一粒神奇药片”就能防癌之类的痴心妄想。公众之所以盼望这一类所谓的“终极成果”，其部分原因是源自一种误解，以为癌症尽管神秘，但不过就是一种疾病而已，它因某种单一原因而起，因此也有望找到某种单一疗法将其治愈。当然，这与已知的事实相去甚远。正如各种环境癌症是由纷繁复杂的化学及物理因素所引发一样，其恶变状况本身也必然表现出各不相同的、生物学上表现各异的方式。

无论这种企盼已久的“突破”是否能到来以及何时能到来，我们都不可能指望它成为包治各类恶性病变的万应药。虽然我们还要继续寻求治疗措施，以缓解和挽救那些已经不幸患癌的受害者，但是让公众寄希望于仅凭一次神来之笔便能一蹴而就地攻克癌症，却只会给人类带来伤害。它只能是一个缓慢的过程，一步一步地前进。然而，在我们将大把资金投入研究、将全部希望寄托在通过大型研究项目能够找到已有癌症病例的治疗方案的同时，我们却无视可以预防的黄金机会，而一味地追求疗法。

征服癌症的工作也绝非毫无希望。至少从一个重要的方面来看，目前的前景还是比世纪之交的传染病疫情更加乐观的。当时满世界都是致病菌，正如今天满世界都是致癌物一样。不过当年的病菌并非人类主动投入环境之中的，传播疫情也非人类有意为之。而相比之下，目前环境中的绝大部分致癌物都是人类投放的，那么，只要愿意，人类就可以将它们中的大部分清除。化学致癌因子能够盘踞在我们的世界中，其实就是通过两种方式：其一，也是颇具讽刺的是，借由人类对更好、更便捷的生活方式的追求；其二，这类化学品的制造和贩卖已经成为我们的经济和生活方式的一部分，而且已经广为接受。

假想所有的化学致癌物可以并且可能从现代世界全部清除并不现实。不过，其中相当大一部分并不是生活必需品，只需把它们除掉，致癌物的重负就将大大减轻，四分之一的患癌危险也将大为缓解。现在就应该下定最强决心，努力清除那些正在污染我们的食物、水源和大气的致癌物质，因为它们造成了最危险的接触方式——微量的、年复一年的频繁接触。

癌症研究领域里许多最杰出的人士都与惠珀医生有着共同的信念：这些恶性疾病一定可以得到有效控制，只要我们下定决心，努力查明环境中的致癌因素，并将其清除或者减轻其危害。当然，对于那些体内已有癌症潜伏或已经发病的人来说，寻找治愈疗法的努力仍需继续。然而，对于尚未被这一病魔染指的人而言，当然也是为了尚未出世的后代子孙着想，癌症的预防才是燃眉之急。

第十五章　大自然在反击

如果我们冒着如此风险，努力要改造自然以满足我们的心意，结果目标却仍未达成，这的确将是莫大的讽刺。然而，这似乎正是我们目前的处境。虽然很少提及，但是真相就摆在那里人之共鉴：大自然不是那么容易被塑造的，昆虫自有妙招躲避强加其身的化学攻击。

荷兰生物学家 C.J. 布里耶曾说："昆虫的世界里有着大自然最惊心动魄的现象。在这里，没有不可能的事，看似最不可能的事情却在这里司空见惯。只要你愿意深入探究其中奥秘，你一定会屏息静气、惊叹不已。因为你会看到，一切皆有可能，完全不可能的事却时有发生。"

这种"不可能的事"正在两大方面发生。通过基因选择的过程，昆虫正在发生变化，产生抗药性。这一点我们将在下一章探讨。而我们在这里将要着眼的则是更广义的问题：事实上，我们的化学攻击正在削弱环境本身所固有的防御机制，而这一机制的存在恰恰是用来保持各个物种的平衡。我们每一次打破这一机制，就会有一大群的昆虫泉涌而出。

从来自世界各地的报告中可以清楚看出，我们正身处严重的窘境。历经了十年甚至更久的密集化学防治，昆虫学家却发现，他们本以为几年前已经解决的问题很快又杀了回来，令他们困扰不已。而且新的麻烦又不断产生，因为曾经只是数量微不足道的昆虫，摇身一变却已升至肆虐成灾的害虫之身价。化学防控的方式就其本质而言，一定是自废武功的，因为这些方法从设计到应用都没有考虑到它们所悍然攻击的是整个复杂的生物系统。那些化学药物只不过针对个别昆虫做了测试，殊不知它们对付的却是整个的生命世界。

如今在某些地区，无视大自然的平衡成了时尚，仿佛这种平衡只是从前那个原始的、简单的世界所盛行之道——而今此道已被彻底颠覆，倒不如忘掉算了。也有人认为这种平衡不过是一个假想，虽然容易接受，但是把它用作行动的指南未免太过危险了。的确，今天的自然平衡已经不同于那个冰川时期了，可是它依然还在——还是那个由所有生命相互关联组成的复杂、精密、高度整合的系统，依然不可能无视它的存在却指望能安然无恙，正如一个人不可能高踞悬崖之上就以为自己可以蔑视万有引力而又能免遭惩罚。自然的平衡并非某种静态的状况，而是处于流动的、不断变幻、不断调整的状态之中。人类也同样是这一平衡的一部分，有时这一平衡可能对他有利，有时这一平衡也可能变得对他不利——不过此等情形往往都是由于他自己的蠢行。

在制订现代昆虫防治计划时，有两个至关重要的事实却被忽视。首先，真正有效的昆虫控制法是由大自然而不是人类实施的。昆虫的繁殖数量是由生态学家称之为环境制约的那种东西来施加控制的，而且自从生命世界之初就一直如此。可用的食物量、天气和气候的条件、竞争生物或猎食生物的存在，等等，这一切都极为重要。昆虫学家罗伯特·梅特卡夫说："阻止昆虫数量淹没整个世界的唯一重大因素，就是它们之间的自相残杀。"可是，我们今天所使用的化学药物被用来杀死所有昆虫，不管它们是敌是友。

第二个被无视的事实是，一旦环境制约的作用被削弱，某些昆虫的繁殖能力就真的有可能使其呈爆炸式增长。许多生命形式的繁殖力简直超乎我们的想象，虽然我们时不时地也能窥见一二。我还记得学生时代目睹的一个奇迹：在一个只有干草和水的罐子里，只需加入几滴原生动物的成熟培养液，几天之后，罐子里就将充满浩瀚如星河一般的小生命——难以计数的亿万只草履虫，它们旋转着、冲撞着，一个个小如尘埃，但却个个都能不受约束地繁殖，因为这里就是它们的临时伊甸园——温度适宜、食料丰富、无天敌攻击。我还能想到站在海边极目四顾，满眼尽是白花花的附在礁石上的藤壶[①]；或在大海里见过的一大群水母绵延数英里的奇观，它们似乎一刻不停地蠕动着，那幻影幽灵一般的身形几乎看不清实体，但见与海水融为一片。

大自然奇迹般的控制作用我们从鳕鱼身上便可见一斑。每年冬天，它们在海里长途迁徙到达产卵地，在那里，每一条雌鱼都会产下数百万颗鱼卵。如果所有这些鱼卵都能存活下来，那么整个大海就会被鳕鱼挤满，变成一块巨大的实心鳕鱼块了。之所以没有这样，就是因为自然界实施了控制，让每一对鳕鱼产下的数百万颗鱼卵中只有那么一小部分能够存活到成年，传承它们双亲的衣钵。

生物学家有时会自娱自乐式地假想，如果一场意想不到的灾难使这种自然的制约力遭到破坏，从而导致某一个体生物的所有后代都能够存活，那将会发生何等状况。一个世纪前，托马斯·赫胥黎就曾经做过这样的计算：单单一只雌性蚜虫（因其具有无须交配就能繁殖的神奇能力）仅需一年时间产下的所有虫卵的总重量将与那个时代的中国全体国民的总体重不相上下。

所幸，这样的极端状况不过是理论上的假想而已，不过破坏大自然固有秩序会带来什么可怕后果，动物种群的研究者都见识过。牧民们一时兴起，灭掉了郊狼，结果田鼠成灾，因为没有了之前郊狼的制

① 藤壶：附着在海边岩石上的一簇簇灰白色、有石灰质外壳的小动物。因体表有坚硬外壳，常被误以为是贝类，其实属甲壳纲。藤壶每次脱皮后，会分泌出一种黏性的藤壶初生胶，内含多种生化成分和极强的黏合力，使其不但能附着在礁石上，而且能附着在船体上，任凭风吹浪打也冲刷不掉。

约。常被津津乐道的那则关于亚利桑那州的凯巴布高原鹿的故事又是另一个经典案例。曾经，这种鹿的种群数量与其生存环境均衡协调。几大捕食者（狼、美洲豹、郊狼）控制着鹿的数量，使其不至于超过它们的食物供应量。后来，一项旨在杀灭天敌、“保护”鹿群的运动开展起来。结果捕食者消灭后，鹿群数量大幅增长，很快，草料就不够用了，它们只好在树上觅食，被啃光的树叶层也越来越高，最终，活活饿死的鹿甚至比从前被捕食者猎杀的数量还要多出很多。而且，由于它们疯狂地寻找食物，导致该地区的环境都遭到了破坏。

田野和森林里的捕食性昆虫所扮演的角色就跟凯巴布高原的狼和郊狼一样，杀死了它们，被捕食的昆虫物种数量就会猛增。

没人知道究竟有多少昆虫物种栖居于地球，因为有太多的物种还尚未被我们所认知，不过就算已有记载的也超过七十万种了。就是说，如果单就物种的数目而言，地球上 70% 到 80% 的生物是昆虫。这些昆虫绝大多数都要靠自然力量加以控制，不需要人类的任何干预。若非如此，无论使用多大剂量的化学品——或者采用其他任何方法——也未必能够控制住它们的数量。

问题在于，我们很少能够意识到这些昆虫的天敌所提供的保护作用，除非这种保护作用突然不存在了。我们大多数人生活在这个世界上，却对一切视而不见，也从来意识不到它的美丽、它的神奇，以及生存于我们周围的那些奇特的、有时甚至可怕的生命力量。同样，这些昆虫捕食者和寄生者的行为我们也知之甚少。或许我们会注意到花园的灌木上有一只相貌凶恶的奇特昆虫，也会隐约意识到这种螳螂是以其他昆虫为食的。然而，只有当我们夜里在花园漫步，借着手电筒的光瞥见到处都是螳螂正在匍匐着悄悄扑向猎物时，我们才会真的心领神会，才会真的感受到那么一点点猎与被猎的戏剧张力，才会真的开始体会大自然自我控制力的一丝丝残酷和紧迫。

猎食者——那些杀害并吃掉其他昆虫的昆虫——是种类繁多的。有些身手敏捷，速度堪比燕子从空中捕猎；有些虽然迟缓倒也慢条斯理，它们沿着枝干爬行，把蚜虫之类藏起来不动的昆虫扯下来一口吞掉；大黄蜂会俘获软体的昆虫，把它们的汁液喂给自己的幼虫；泥黄蜂则会在屋檐下筑起柱形的泥巢，然后在里面储存昆虫以供自己的幼蜂食用；沙黄蜂会在啃食牧草的牛群上方飞舞，消灭那些困扰牛畜的吸血飞虫；常被误认作蜜蜂的嗡嗡乱叫的食蚜蝇会把虫卵生在蚜虫出没的植物的叶子上，这样，刚刚孵出的幼虫就有足量的蚜虫供它们大吃特吃了；瓢虫，俗称花大姐，是蚜虫、介壳虫及其他一些蚕食作物的害虫最有效的终结者之一,一只瓢虫要吃掉差不多数百只蚜虫才能燃起自己小小的能量之火，以便能产出一窝卵。

习性更为奇特的还是寄生性昆虫。它们并不直接杀死自己的宿主，而是通过一系列巧妙的方法，利用这些受害者来喂养自己的幼虫。它们可能把卵产在猎物的幼虫甚至虫卵内部，这样，自己将来孵出的幼虫就可以靠吸食宿主为生。有些则会用一种黏液把卵粘在毛虫身上，这样，其幼虫一孵化出来就可以钻入宿主皮肤内。还有一些居然有一种先知先觉般的本能，使它们只需将卵产在叶子上，然后静候觅食的毛虫糊里糊涂地把它们吞进肚里。

田野、灌木、花园、森林，处处都有这些捕食昆虫和寄生昆虫默默地发挥着作用。瞧这里，在一座池塘的上空，一群蜻蜓在飞舞，阳光照在它们的翅膀上，发出火焰一般的光彩。它们的祖先也是如此，在那些巨大的爬行动物生存的沼泽地上空飞舞觅食；而今，它们仍然如远古时代的祖先一样目光敏锐，在空中捕食蚊虫，它们会用几条腿收拢成篮子状，把蚊子轻松收入囊中。而在下面的池水中，它们的幼虫——即蜻蜓蛹，或称稚虫[1]，则以捕食蚊子及其他昆虫水生阶段的幼虫为生。

再瞧那里，那是藏在树叶下面几乎可以隐形的草蜻蛉，它们有着

① 稚虫：某些昆虫的未成熟阶段，是不完全变态类（包括半变态、原变态）昆虫的幼体。水栖，以鳃呼吸。而成虫后则为陆生，以气管呼吸。两个阶段形态、习性迥然不同，如蜻蜓目、蜉蝣目等昆虫的幼体。

绿色的、薄如蝉翼的翅膀和金色的眼睛，生性害羞，藏而不露，不过它们可是早在二叠纪时期[①]就已存在的古老种族的嫡系后裔。成年的草蜻蛉主要靠植物的花蜜及蚜虫的汁液为食；最后，它会把卵产在一根长茎的末端，那是它提前固定在一片叶子上的；而它们的子孙就从那里诞生——那是一种奇怪的、刚毛竖立的幼虫，名曰"蚜狮"，专门猎食蚜虫、介壳虫或螨虫，捕获以后会把它们的体液吸干。每只蚜狮可以吃掉数百只蚜虫，直到它那不停变形的生命周期把它带到下一个阶段；此时它会缠绕出一只白色的丝茧，并在里面度过它的成蛹期。

还有许多蜂和蝇，它们的生存完全依靠寄生作用将其他昆虫的卵或幼虫消灭掉。其中有些卵蜂[②]体形极其微小，然而因其数目之多和活动量之大，也足以压制许多庄稼害虫的数量。

所有这些微小的生命都在工作——无论晴雨，不分昼夜，甚至在寒冬的魔掌试图将生命之火扑灭，只留一堆余烬之时；不过此时，这股火力只好暂时闷烧，等待时机，待到春天再次唤醒昆虫世界，它们就会再次燃起勃勃生机。在此期间，这些寄生性及捕食性的昆虫会各自找到栖身之所，以躲过这个严寒的季节——厚毯般的皑皑白雪下、冻得硬邦邦的土壤里、树皮的裂缝当中以及隐蔽的洞穴内。

螳螂的卵安全地躺在灌木枝上挂着的薄皮小盒子里，它们的妈妈随着夏天的消逝走完了她的生命周期。

长脚黄蜂的蜂后藏在某个阁楼被遗忘的角落里，体内带着大量的受精卵，未来的蜂群就全靠它们来传承了。作为唯一的幸存者，她将

---

① 二叠纪时期：古生代的最后一个纪，也是重要的成煤期。始于距今约 2.99 亿年，延至 2.5 亿年，共历 4500 万年。二叠纪地壳运动比较活跃，陆地面积进一步扩大，海洋范围缩小，生物界发生重要演化，是生物发展史上的一个全新时期。二叠纪末发生了有史以来最严重的大灭绝事件，估计地球上有 96% 的物种灭绝，其中包括 95% 的海洋生物和 75% 的陆地脊椎动物。

② 卵蜂：寄生于各种昆虫卵内的寄生蜂。在害虫生物防治上具有重要意义。它们一般体型细小，成虫以产卵管刺入害虫卵中产卵；卵孵化为幼虫后，即以害虫卵内物质为营养。幼虫老熟后即化蛹，最后再变为成虫，咬破蛹壳，飞出交配。

在春天做好一个小小的蜂巢，在每一个巢室内产下几颗卵，然后精心地养育这一小群工蜂。她要依靠它们的帮助扩大蜂巢，壮大自己的种群。炎炎夏日里，这些工蜂便会一刻不停地觅食，消灭掉数不清的毛虫。

就是这样，由于它们的生存特性和我们的需求之本，所有这些昆虫自古就是我们的盟友，帮着我们维持对我们有利的自然平衡。然而，我们却把我们的大炮指向了我们的朋友。可怕的危险在于，我们严重低估了它们的价值，没有它们帮助我们压制大批敌人涌动的暗潮，我们会被淹没的。

环境制约能力全面、持续的降低正在日益变成无情的现实，因为杀虫剂的数量、种类和破坏能力都在逐年增长。随着时间的流逝，我们就等着日渐严重的虫灾发作吧，无论是传染疾病的，还是摧毁庄稼的害虫品种，都会远远超出我们已知的范围。

你也许会问："是的，可是这一切不都是理论上的吗？它们不会真的发生的，对吗？至少在我这一辈子不会发生。"

可是它们正在发生，就在此地，就在此刻。截至1958年，科技学术期刊记载的自然平衡严重破坏的案例中已经牵扯到大约五十种昆虫。每一年新发现的案例更是有增无减。本课题的一份最新评论中提及的参考资料来自二百一十五篇论文，全部都是报道或探讨农药引起的昆虫种群平衡遭到不利干扰的相关案例的。

有时，化学喷洒造成的结果恰恰适得其反——本来要通过喷药加以控制的那种昆虫反而大量激增。比如在安大略湖区，黑蝇的数量在喷药后居然增长到之前的十七倍。再比如在英格兰，一次白菜蚜虫的严重爆发——一次史无前例的大爆发——就发生在刚刚喷完一种有机磷类农药之后。

其他情况下，喷药尽管对其目标昆虫起到了一定的效果，然而却同时释放了潘多拉的盒子里全部毁灭性的害虫，它们之前从来没有多到引发什么麻烦。就以蜘蛛螨为例，如今它们已成为几乎遍布全球的害虫，就是因为DDT及其他杀虫剂杀光了它们的天敌。蜘蛛螨其实不是一种昆虫，它是一种小到几乎看不见的八条腿生物，跟蜘蛛、蝎子和扁虱同属于一类。它有一副适应其食性的刺吸式口器[①]，并对让这个世界变绿的叶绿素食欲旺盛情有独钟。它会将那细小而锋利如针的口器刺入阔叶或常绿针叶的表皮细胞，抽取叶绿素。轻度侵染会使乔木和灌木呈现出斑驳的黑白杂点，而一旦蜘蛛螨重度地、大批地滋生，叶子就会变黄、脱落。

几年前，这一幕就发生在美国西部的一些国家森林区。1956年，美国林业署对八十八万五千余亩的林区喷洒了DDT，其目的是防治云杉蚜虫，结果第二年夏天却发现，一个远比蚜虫的危害严重得多的问题出现了。从空中俯瞰林区，满眼尽是一片片的枯萎，原本威风凛凛的花旗松正在枯黄，针叶脱落。在海伦娜国家森林以及大贝尔特山的西坡，再从蒙大拿州一直到爱达荷州的大片区域，到处的森林都仿佛被烧焦一般。很明显，1957年的这个夏天，发生了史上面积最广、感染最重的蜘蛛螨虫害，几乎所有喷过药的地区都无一幸免，而其他地区则看不到什么损伤。林业人员翻遍历史寻找先例，虽然翻出了几次蜘蛛螨虫灾，却都没有这一次令人印象深刻。1929年黄石公园的麦迪逊河沿岸，二十年后的科罗拉多州，再后来是1956年的新墨西哥州，都曾发生过类似的虫灾困扰，而每一次虫灾爆发都是发生在喷完杀虫剂之后。（其中1929年的喷洒还是在DDT时代到来之前，因此当时用的是砷酸铅。）

蜘蛛螨何以会被杀虫剂越杀越旺呢？除了它对杀虫剂相对不敏感这一明显事实外，似乎另有两大原因。在自然界里，蜘蛛螨的数量受制于多种捕食性昆虫，包括瓢虫、五倍子蝇、捕食螨以及几种掠食性甲虫，而它们全部都对杀虫剂极为敏感。第三个原因则与蜘蛛螨群落

① 口器：节肢动物口两侧的器官。有摄取食物及感觉等作用。由于昆虫食性广泛，口器变化也很多，一般有5种类型：咀嚼式、嚼吸式、刺吸式、舐吸式、虹吸式。刺吸式口器是取食植物汁液或动物血液的昆虫所具有的既能刺入寄主体内又能吸食寄主体液的口器。

内部种群数量方面的压力有关。一个未受干扰的蜘蛛螨群落通常是稠密聚居的群体，大量螨虫蜷缩在一条保护带下面，以躲避天敌的猎杀。而喷药后，这个群落就会四下散开，因为这种螨虫虽然没有被药物杀灭，毕竟还是会受到刺激，于是纷纷外逃寻找不受滋扰的安身之所。这样一来，它们就会发现原来外面的空间开阔得多，食物也比从前丰富得多。再说，它们的天敌们如今死伤殆尽，没必要劳神费力地再去营建什么保护带，索性集中精力大量繁殖。于是，虫卵产量一下子增加三倍绝非罕见——一切仰仗杀虫剂“善莫大焉”。

在弗吉尼亚州著名苹果种植区雪伦多亚山谷，自从种植户用 DDT 取代砷酸铅开始，一种名曰红线卷叶蛾的小昆虫便大群大群地滋生出来，令种植户头痛不已。此前，这种昆虫的影响力一向都是微不足道的；可是没过多久，50% 的果树已经沦为它的牺牲品，它也因此摇身一变，获得了苹果树最强害虫的尊称，而且不单限于这个地区，随着 DDT 施用量的增加，它们已经遍及美国东部及中西部大部分地区。

这种状况真是极富讽刺。在 40 年代末的加拿大新斯科舍省，受苹果卷叶蛾（虫蛀苹果的始作俑者）之灾最严重的反而是那些经常喷药的苹果园，而未喷药的果园里，这种蛾子的数量反倒不足以构成什么真正的危害。

苏丹东部的棉花种植户也曾被 DDT 害得有苦难言，他们勤勤恳恳地喷药，可是带来的回报同样差强人意。在盖斯三角洲的灌溉下，那里约有六万英亩的棉花种植区。DDT 的早期实验表明效果良好，于是喷药力度开始加大。麻烦也就此开始。对棉田破坏力最强的敌人之一是棉铃虫，可是棉田喷的药越多，棉铃虫也就越多。未喷药的棉田反而比喷药区遭受的损失更小，无论是棉籽还是后来成熟的棉朵。喷过两次药的棉田里，棉籽的产量大幅缩减。虽然某些蚕食叶子的昆虫确实被根除了，不过可能由此而获得的一点点好处早就被棉铃虫造成的损失完全抵消掉了。最终，种植户只得接受一个无奈的事实：要不是他们自找麻烦，又费力又花钱地喷药的话，他们的棉田产量本来可以更高的。

在比属刚果和乌干达，针对咖啡灌木的一种害虫施用了大量 DDT 后，造成了几近“灾难性”的后果。该害虫本身几乎没有受到 DDT 的任何影响，而其捕食者反倒对 DDT 异常敏感。

在美国，农民不止一次地除掉一种害虫却换来更可怕的敌人，因为喷药扰乱了昆虫世界的种群动态平衡。最近实施的两次大规模喷药项目造成的恰恰就是此等效果：其一为南方的火蚁扑灭计划，其二为了消灭中西部的日本甲虫歼灭战。（分别参见第十章和第七章。）

1957 年，路易斯安那州的农田被大规模施用了七氯后，造成的后果是甘蔗田最可怕的敌人之一——甘蔗螟得以肆虐。刚刚施过七氯后不久，甘蔗螟的危害便骤然提升，因为针对火蚁的七氯却杀光了甘蔗螟的天敌。甘蔗田受损之惨烈，促使当地农民联名状告州政府玩忽职守，没有告知他们可能发生此等严重后果。

同样苦痛的教训，伊利诺伊州的农民也领教过。为了防治日本甲虫，该州东部农田刚刚被施以了摧枯拉朽般的狄氏剂大洗礼，结果农民发现施药地区的玉米螟大幅增加。实际上，该区域内的玉米地里生出的这种破坏力极强的昆虫幼体相当于其他地区玉米地的两倍以上。农民可能并不明白这一切因果的生物学原理，不过无须什么科学家，他们也能明白一个事实：他们亏大了。为了除掉一种昆虫，他们却招来了另外一种破坏力更强的害虫。据美国农业署的估算，全美因日本甲虫所造成的总损失约为每年 1000 万美元，而玉米螟造成的损失则高达 8500 万美元。

值得一提的是，过去防治玉米螟一直都是主要依靠自然之力。这一昆虫于 1917 年意外从欧洲引入，两年后，美国政府上马了史上最强力的联邦项目之一，以搜寻并引进这一害虫的寄生昆虫。此后共有二十四种玉米螟的寄生虫陆续由欧洲及东方各国引进，当然也动用了相当大的财政支出。其中有五种被认定在防治效果上具有独特价值。然而，不用说，这一切努力之成果如今都已危在旦夕，因为玉米螟的这些天敌因为喷药都快绝迹了。

如果这些听起来荒诞不经的话，那么再看看加州柑橘园的情况吧。19世纪80年代，那里便进行了全世界最著名、也最成功的一次生物防治法的试验。1872年，一种专吸柑橘树汁液的介壳虫在加州出现，并在短短二十五年内迅速发展成为一种破坏力极强的害虫，致使许多果园的果实收成丧失殆尽。刚刚兴起的柑橘业面临毁灭性的威胁。许多种植户已然放弃，将果树全部连根拔起了。后来，由澳大利亚引入了该介壳虫的一种寄生昆虫，那是一种小巧的澳洲瓢虫，当地人称维达利亚。第一批瓢虫引进不过两年，整个加州的柑橘种植区内的介壳虫便已得到有效控制。从那时起，你在柑橘果园里找上几天，也未必能看到一只介壳虫。

结果，20世纪40年代开始，柑橘种植户开始尝试使用魅力四射的新型化学武器对付其他昆虫。随着DDT以及其后毒性更强的化学药物的应用，加州许多地区的维达利亚瓢虫都被彻底杀光了。当年引进这些瓢虫政府只花费了五千美元，而它们的活动每年为果农挽回的损失达数百万美元；但是只因一时昏了头，所有的收益都被一笔勾销了。介壳虫之灾很快卷土重来，造成的损失近五十年内见所未见。

里弗赛得市柑橘实验站的保罗·德巴赫博士说："这很可能会标志一个时代即将结束。"如今，介壳虫的防治已变得极为复杂，要想保住维达利亚瓢虫，只能依靠反复放养，同时还要在实施喷药计划时倍加小心，尽可能减少杀虫剂与它们的接触。而且，无论这些柑橘种植户怎样努力，柑橘的命运或多或少还要掌握在邻近农场的主人手里，因为杀虫剂的飘散也已经造成过严重损失。

以上所有案例还仅仅涉及了侵害农作物的昆虫，那么，那些携带疾病的昆虫又如何呢？对此已经不乏警示事件了：比如在南太平洋的尼桑岛，第二次世界大战期间，这里一直在进行集中喷药，不过二战结束后，喷药也停止了。很快，大群携带疟疾的蚊子杀了回来，而此时，那些捕食蚊子的昆虫已被杀光，新的群落若想立足恐怕尚需时日，由此可以想见蚊子数量大爆发之势了。描述过这一事件的马歇尔·莱尔德曾将化学防治法比作一台跑步机：一旦我们踏上了它，便再也停不下来，否则后果不堪设想。

在世界某些地区，疾病与喷药之间的关联可能相当独特。由于某种原因，类似蜗牛这样的软体动物似乎对杀虫剂具有几近免疫的能力。这种现象已被多次注意到。在佛罗里达州东部盐沼地喷药项目后的大灭绝中（参见第九章案例），唯一的幸存物种就是水生蜗牛。当时的场景被描述为一幅令人毛骨悚然的画面——大概类似于超现实主义者笔下的画作吧：蜗牛在死鱼和垂死的螃蟹中间爬来爬去，吞食着这些在剧毒的死亡之雨中牺牲的受难者。

可是这种现象有什么重要意义呢？它之所以重要，是因为许多水生蜗牛都是非常危险的寄生性蠕虫的宿主，这些寄生虫有一半的生命周期在软体动物体内度过，而另一半则可能在人体中度过。血吸虫就是其中一例。它们可以通过饮用水进入人体，如果在被侵染的洗澡水中沐浴，它们也可以经由皮肤进入，从而在人体中引发严重疾病。这些血吸虫就是由其宿主蜗牛释放进入水体的，类似疾病在亚洲及非洲部分地区非常普遍。在有血吸虫的地方采取的昆虫防治措施如果助长了蜗牛大量繁殖的话，很有可能会随即引发严重后果。

当然，并非只有人类才会感染蜗牛传播的疾病。牛畜、绵羊、山羊、鹿、麋鹿、兔子以及多种温血动物的肝脏疾病可能由肝吸虫所引发，这种寄生虫的生活史有一段也是在淡水蜗牛体内度过的。感染此类蠕虫的动物肝脏不再适合人类食用，通常都是被收缴后销毁。类似的废弃处理每年会使美国牧民损失约三百五十万美元。任何可能导致蜗牛数量增加的措施显然都会使这一问题更加恶化。

过去十年中，此类问题已投下不祥的阴影，可是我们却迟迟没有认识到。大多数本该去研发生物防治手段并协助将其付诸实施的人，却都忙着在更加刺激的化学防治领域内耕耘。1960 年有报道称，全美只有 2% 的经济昆虫学家还在生物防治的领域内孤军奋战，而其余

98% 的主力军都在致力于化学杀虫剂的研究。

为什么会这样呢？各大主要化学企业都在向大学倾注巨额资金，用于支持杀虫剂的研发，并为此设立了多项诱人的奖学金和极具吸引力的员工职位，以许诺给研发人员。而生物防治的研究呢，却从来没有得到过如此资助，原因很简单：它们不能给任何人许以财富的指望——化学工业内可以赚取的那种巨额财富。于是，这类研究只好留给各州及联邦机构去做，而那里的研究人员薪金少得可怜。

这一局面也同时解释了为什么某些地位显赫的昆虫学家居然也带头鼓吹化学防治法，这一神秘事实除此以外别无他解：对这些人的背景稍加调查就会揭示，他们的全部研究项目都是由化学工业资助的；他们的业内威望，有时甚至连他们的工作机会本身都取决于化学方法能否永世长存。我们难道还能指望他们会反咬那只简直可以说正在给他们喂食的手？可是，知道了他们的偏向性以后，我们还能对他们的杀虫剂无害论的主张给予多大的信任呢？

在众口一词地呼吁将化学品推崇为昆虫防治主要手段的一片欢呼声中，偶尔也会有少数派报告发布，因为还有个别昆虫学家并没有无视一个事实，即他们既不是化学家，也不是工程师，而是生物学家。

英国的 F.H. 雅各布宣称："许多所谓的经济昆虫学家的活动可能会使人误以为他们真的相信整个世界的救赎就在喷雾器的小小喷嘴……相信当他们造成害虫死灰复燃、产生抗药性或者哺乳动物中毒等问题时，化学家已为他们备好另外一枚药片。那种观点根本站不住脚……最终只有生物学家能够为害虫防治的基本问题给出答案。"

新斯科舍省的 A.D. 皮克特写道："经济昆虫学家必须认识到他们所面对的是活生生的生命……他们的工作绝不能仅仅是测试杀虫剂或者寻求破坏力超强的化学品。"皮克特博士本人的研究领域是充分运用各种猎食性和寄生性昆虫物种以制定理性的昆虫防治方法，可谓该领域内的先驱者。他和他的同事们开发的方法如今已成为光辉典范，可惜效仿者太少。我们在本国能找到的类似成就只有加州某些昆虫学家开发的一整套综合防治项目。

大约三十五年前，皮克特博士在新斯科舍省安纳波利斯山谷的苹果园里开始了他的研究工作，那里曾经是加拿大最集中的水果种植区之一。那个时候人们相信，杀虫剂（当年还是无机类化合物）定会解决昆虫防治的问题，唯一的任务就是如何使果农遵照推荐的方法施药。然而，美好的憧憬并没有变为现实——不知为什么，昆虫顽强地活了下来。新的药物不断投入使用，新的喷洒设备不断发明，喷药的热情也空前高涨，可是害虫问题就是不见任何改观。后来，DDT 的降临又燃起了人们的希望——苹果卷叶蛾发作带来的噩梦似乎总算可以冲刷掉了。然而实际使用造成的后果，却是一场史无前例的螨灾。正如皮克特博士所说："我们不过是从一场危机投入了另一场危机，用一个问题换来了另一个问题而已。"

不过逼到了这个地步时，皮克特博士和他的团队开始想到另辟蹊径，而不是与其他昆虫学家一起随波逐流，继续追随着越来越毒的化学物质的鬼火。他们认识到自然界中还有人类强大的盟友，于是设计出一项计划，可以最大限度地运用自然控制手段并最小限度地使用杀虫剂，不得已需要施用时，也只使用最低剂量——刚好可以控制害虫，但绝不会给有益生物造成任何可以避免的伤害。选择恰当喷药时机也被纳入计划之中：譬如，将硫酸烟碱的施用时间提前，而不是等到苹果花转成粉色之后，那么一个重要的害虫天敌便得以保全，因为那个时候它们还在卵中尚未孵化呢。

皮克特博士在选择化学品时也是格外小心，尽量选择那些对害虫的寄生昆虫及捕食昆虫伤害较小的药物。他说："如果我们沦落到将 DDT、对硫磷、氯丹及其他新型杀虫剂用作常规防治手段的地步，就像我们过去使用无机化学品一样，那么热衷于生物防治的昆虫学家们倒不如干脆认输算了。"于是，他摒弃了那些高毒性的广谱杀虫剂，而主要依赖鱼尼丁（取自一种热带植物的地表根茎）、硫酸烟碱以及砷酸铅。偶尔情势所需，也可能使用浓度极低的 DDT 或马拉硫磷

（浓度仅为每一百加仑 1—2 盎司，而不是过去的每一百加仑 1—2 磅）。尽管这两种算是现代杀虫剂当中毒性最低的了，不过皮克特博士还是希望通过进一步研究有望代之以更安全、更具针对性的化学物质。

那么该计划效果如何呢？新斯科舍省那些采用皮克特博士的改良喷药项目的果园产出的一等果比例跟那些大量施药的果园不相上下，产量也是毫不逊色。而且，他们取得如此成果所花费的成本却低得多：新斯科舍省的苹果园用于杀虫剂的支出仅为其他大部分苹果种植区经费的 10% 到 20%。

比这些出色的成绩更加重要的是，新斯科舍省昆虫学家所制定的改良项目不会给自然平衡造成暴力破坏。它正在逐步实现加拿大昆虫学家 G.C. 乌利特十年前提出的哲学理念："我们必须改变我们的人生哲学，摒弃我们的人类优越论态度，并承认很多情况下，我们在自然环境中就能找到限制某些生物数量的方法和手段，而且比我们亲自动手更加经济合理。"

第十六章　雪崩前的隆隆声

如果达尔文活到今天，亲眼看到昆虫世界是如何令人印象深刻地验证了他的适者生存的理论，他一定会感到高兴而震惊。在密集的化学喷剂的压力下，昆虫种群中的弱者正在被淘汰掉。如今，在许多区域内、在诸多物种当中，只有强者和适者才活了下来，同时也宣告我们企图控制它们的努力一一落空。

近半个世纪前，华盛顿州立大学昆虫学教授 A.L. 梅兰德提出过一个疑问："昆虫会对喷剂产生抗药性吗？"——而今看来这只能是纯粹的修辞问句[①]。如果说此问题的答案似乎令梅兰德略感困惑，或者需要稍加思考的话，那只能怪他这个问题提得太早了一点——早在 1914 年，而不是四十年之后。在前 DDT 时代里，无机化合物以今天看来极其温和的比例施用后，确实也在更多地创造出了可以在化学喷剂或粉剂下存活下来的昆虫品种。梅兰德本人也曾在对付圣荷西介壳虫的时候遇到过一番周折，施用了几年的硫化石灰，才算是取得了令人满意的控制效果；而后来在华盛顿克拉克斯顿地区，这种昆虫变得更加

① 修辞问句：为了取得修辞上的效果而提出的问题，比如反问、设问等。其句子表面上为疑问形式，也可以含有疑问词，但说者的态度和意见很明确，并不需要听者回答，虽然听者有时也会做出辩驳。

难以驾驭——比韦纳奇或雅吉瓦山谷或其他地区果园里的昆虫更难杀灭。

美国其他各地的介壳虫似乎也突然之间同时顿悟了：硫化石灰喷完后，它们没有必要非死不可，虽说果园主施药也够辛苦、够慷慨的。此后，中西部绝大部分地区成千上万英亩上好的果园全被这些昆虫毁掉了，它们现在对喷药简直无动于衷。

接着，加州那套历史悠久的方法——将果树用帆布帐篷罩起来，然后用氢氰酸熏蒸——也开始在某些地区出现令人失望的结果。针对这一问题，加州柑橘试验站于1915年展开了专项研究，并持续了二十五年之久。另外一种昆虫苹果卷叶蛾，又称苹果虫，也于20世纪20年代前后从“抵抗运动”中尝到了甜头，虽然此前的四十多年里，砷酸铅一直都能让它服服帖帖。

不过，真正的抗药时代来临还得说是由DDT及其众多亲族引入的。短短几年内，这个邪恶而凶险的问题便已清楚明确地宣告了自己的存在；其实，在昆虫及动物种群动力学方面稍有一点基本知识的人本来不必对此感到惊讶，因为事实上，昆虫对咄咄逼人的化学攻击反而拥有有效的防御武器，只是人们对此事实的认识似乎的确来得晚了一点。只有那些一直关注带病昆虫的人此时才算开始对此局面之危急彻底警醒起来，而绝大多数的农业工作者还在无忧无虑、信心满满地指望着开发新的、毒性更强的化学品呢——目前的困境恰恰就是源于这种貌似合理的思维方式。

如果说人类对昆虫抗药现象的认识需要慢慢来倒也不错，不过抗药性本身可远不需要如此。1945年之前，已知只有十几个物种对前DDT时代的杀虫剂产生过抗药性；而随着新型有机化合物及新的大面积施药法的推出，抗药现象开始快速发展，截至1960年已达到惊人的137种昆虫，而且没有人相信这一现象会到此为止。如今，有关此课题的技术论文已有不下一千篇得以发表。世界卫生组织从世界各地征募了三百余名科学家协助研究此项问题，称“昆虫抗药性是目前病媒控制项目面对的最重大问题”。英国一位杰出的动物种群专家查尔斯·埃尔顿博士曾说:“我们听到的隆隆声可能只是巨大雪崩的前兆而已。”

有时,抗药性的发展如此迅速,以至于刚刚写完了一篇报道,庆祝某种化学品成功控制了某种昆虫,墨迹还没干呢,又不得不发布修订报告了。比如在南非,牧民长期以来深受蓝扁虱的困扰,甚至有一年单单一个牧场就有六百头牛因它而死。多年以来,这种扁虱对砷制溶液产生了抗药,于是当地人尝试使用六六六,而且短期内似乎一切顺利。1949 年初发布的报告宣称,抗砷的扁虱终于被这种新型化学品轻易控制了,结果同一年晚些时候又不得不发表令人郁闷的通告称,新的抗药性又产生了。这一窘境促使一位作家于 1950 年在《皮革贸易述评》上发文称:“总有类似这样的消息从科学的圈子里悄悄流出,在海外媒体的某个小板块露个面;还自以为只要其重大意义为公众正确认识,完全有资格像什么新型核弹之类的重大新闻那样登上头版头条似的。”

尽管昆虫抗药性是农业及林业的相关问题,但实际上它所造成的最严重恐慌却是在公共健康领域。各种昆虫同人类多种疾病之间的关联可谓说来话长了。疟蚊属的蚊虫可以将单细胞的疟疾病原体刺入人体的血液之中;其他一些蚊虫可以传播黄热病;还有一些可以携带病毒性脑炎。苍蝇虽不叮人,却也可以通过污染食物而传播痢疾杆菌,而且在世界很多地区的眼科疾病传播中曾经大显身手。人类疾病与昆虫携带者——即病菌载体的关联名单包括:斑疹伤寒与虱子、鼠疫与鼠疫跳蚤、非洲昏睡病与南非舌蝇、多种发热与扁虱,等等,不一而足。

这些都是亟待解决的严重问题。任何一个有责任感的人都不会主张对昆虫传播的疾病坐视不理。但是目前需要我们回答的迫切问题是:明明这些方法正在使问题迅速恶化,我们却还要继续用它们来解决问题,这么做算是明智呢?还是负责任?世人听到的都是如何通过控制传播病菌的昆虫从而战胜病魔的故事，却很少能听到故事的另一面——失败的一面，那些短命的胜利恰恰强有力地证明了一个令人惊警的观点，即我们的努力实际上却使害虫变得更强；而更糟糕的是，我们可能已经毁掉了作战的武器。

杰出的加拿大昆虫学家 A.W.A. 布朗博士受聘于世界卫生组织，对昆虫抗药性的问题进行了一项综合调查。在 1958 年出版的专著中，布朗博士这样写道："强毒性合成杀虫剂引入公共卫生项目还不到十年，面临的主要技术问题就是曾经被有效控制的昆虫现已对它们产生了抗药性。"在发行这部专题著作时，世界卫生组织曾发出警告称："目前针对如疟疾、斑疹伤寒以及鼠疫等由节肢动物传播的疾病而大力开展的强劲攻势正在面临严重受挫的风险，除非这一新问题能够迅速得以攻克。"

挫败的程度如何呢？目前，产生抗药性的物种清单已经几乎囊括了所有具有医学意义的昆虫类群。只有黑蝇、沙蝇和南非舌蝇似乎还未产生抗药。此外，家蝇和虱子已在全球范围内产生抗药性。抗疟疾项目因疟蚊的抗药性而面临重大威胁。鼠疫的主要传播者东方鼠蚤最近也对 DDT 表现出了抗药性，这一事态发展极其严重。各大洲大陆国家及大部分岛国都有大量关于其他昆虫抗药性的报道。

现代杀虫剂的首次医学应用大概是在 1943 年的意大利，当时的盟军政府将 DDT 粉剂撒向大批人群，成功消灭了斑疹伤寒。这次成功行动后两年，为了控制疟蚊又进行了一次大面积的残留喷洒，但是仅在一年后便出现了麻烦的迹象：家蝇和蚊子都开始表现出对喷剂的抗药性。于是 1948 年试用了一种新的化合物氯丹，作为 DDT 的补充药物。这一次的控制效果持续了两年，可是到了 1950 年 8 月，抗氯丹的苍蝇也出现了，截至那年的年底，所有的家蝇及库蚊属蚊虫似乎都对氯丹产生了抗药。抗药性的发展几乎跟新药物的开发和投入使用达到同步。到 1951 年底，DDT、甲氧七氯、氯丹和六六六都已列入了失效化学药物的清单。而与此同时，苍蝇却"多得难以置信"。

40年代后期，同样的循环模式又在意大利撒丁岛重演。在丹麦，含DDT的产品于1944年首度使用，而到了1947年，许多地区的苍蝇防治便已均告失败。在埃及的某些地区，苍蝇早在1948年就对DDT产生了抗药性；BHC取而代之后效果只持续了不到一年。埃及的一个村庄尤其突出地体现了这一问题：杀虫剂在1950年对苍蝇防治效果良好，那一年的婴儿死亡率下降了近50%；然而第二年，苍蝇就对DDT和氯丹产生抗药性，数量也迅速回弹至原来的水平，婴儿死亡率也随之提高。

在美国，苍蝇对DDT的抗药性早在1948年就已在田纳西河谷非常普遍了。其他地区也随之出现。企图用狄氏剂恢复控制的尝试也收效甚微，因为在某些地区，仅仅两个月内，苍蝇就对这一化学品产生了极强的抗药性。所有可用的氯化烃类化合物都用遍了，防控部门只好转向有机磷类，可是抗药的模式再度重演。目前专家一致的结论是"家蝇的防控已经彻底超出了杀虫剂的技术能力，又得重新依靠日常的卫生措施了"。

那不勒斯的体虱防治是DDT最早的、最大肆宣扬的成就之一。几年后，DDT在意大利的成功又得以再现：1945—1946年的冬天，在日本和韩国危及两百万人口的虱子也得到了成功防治。然而也麻烦不远了——1948年西班牙斑疹伤寒疫情防治的失败或许就有了征兆。尽管在这次实战中受挫，但是"鼓舞人心"的实验室数据还是让昆虫学家们相信，虱子不大可能会产生抗药性。因此，1950—1951年冬，韩国发生的事件着实令他们大吃了一惊：给一群韩国士兵撒了DDT粉剂后，离奇的效果却是虱子反而更加猖獗。对它们进行收集和测试后发现，浓度5%的DDT居然不能使它们的自然死亡率有丝毫提高。还有类似的体虱测试结果来自东京的游民群体、日本板桥区的收容所，以及位于叙利亚、约旦和埃及东部地区的难民营，这些结果均证实，DDT在虱子及斑疹伤寒的防治上已然失效。截至1957年，虱子对DDT产生抗药性的现象已经扩展至多个国家和地区，包括伊朗、土耳其、埃塞俄比亚、西非、南非、秘鲁、智利、法国、南斯拉夫、阿富汗、乌干达、墨西哥和坦桑尼亚，曾经在意大利取得的最初的辉煌似乎早已黯淡无光了。

最早对DDT产生抗药的疟蚊是希腊的萨哈罗夫按蚊。在那里，1946年开始的大面积喷洒取得了初步成效，可是到了1949年，观察者们注意到虽然在喷过药的家舍和厩棚内的蚊子不见了，但在路桥下面却聚集有大量的成年蚊子。很快，这种户外栖息地扩展到了洞穴、附属建筑、阴沟以及橘树的枝叶和树干。显然，成年蚊子已经对DDT具有足够的耐受能力，使其可以逃离喷药的室内区域，到户外进行休整，并慢慢得以恢复。几个月后，它们进而能够留在室内了，人们眼见着它们在施过药的墙壁上停歇。

这还不过是个前兆而已，极其严重的局面才刚刚形成。疟蚊类蚊虫对杀虫剂的抗药能力提高速度极其惊人，而这恰恰就是因为旨在根除疟疾的房屋喷药计划之彻底性所致。1956年，只有5种疟蚊表现出抗药性；而到了1960年初，这个数字从5种一跃而升至28种！其中囊括了非洲西部、中东地区、中美洲、印度尼西亚以及东欧地区各种极其危险的疟疾传播者。

在传播其他疾病的他类蚊子当中，这一模式也在重复再现。比如，一种热带蚊子携带的寄生虫可以引发象皮肿之类的疾病，这种蚊子在世界许多地区都已产生超强抗药能力。在美国某些地区，传播西方马疫脑炎的蚊子也有了抗药性。还有更加严重的问题牵扯到的是黄热病的传播者，几个世纪以来，该病都是全世界最可怕的疫病之一；这类蚊子中产生抗药性的品种已经在东南亚出现，而在加勒比海地区如今已非常普遍。

昆虫抗药性在传播疟疾和其他各类疾病方面的后果在来自世界许多地区的报道中都有表明。1954年特立尼达的黄热病疫情就是在携带这种病菌的蚊子因抗药性而导致防治失败后爆发的。在印度尼西亚和伊朗，疟疾又已进入活跃期。在希腊、尼日利亚和利比里亚，蚊子还在继续藏匿并传播疟原虫。在佐治亚州，通过苍蝇防治项目刚刚取得了腹泻病减少的成效，可是不到一年便已前功尽弃。埃及通过暂时控制了苍蝇而降低了急性结膜炎的发病率，可是这一成效还没有持续到1950年即告失败。

佛罗里达州盐沼地的蚊子也正在产生抗药性，这一事实对人类健康倒是威胁不大，不过要是从经济价值角度衡量的话，就令人大伤脑筋了。虽然它们不是疾病传播者，不过嗜血的本性可没变，它们的大批存在使得佛罗里达州大片的海岸区域成了不宜人居之地，后来好不容易做了一次短暂的处理后略有改观，但是很快又失败了。

世界各地的普通家蚊也在出现抗药性，这一事实应该让那些正在定期进行大规模喷药的社区暂停一下了。在意大利、以色列、日本、法兰西及美国部分地区，包括加州、俄亥俄州、新泽西州、马萨诸塞州，这种蚊子已经对多种杀虫剂产生抗药性，其中也包括几乎举世共用的DDT。

扁虱也是一大问题。斑疹热的传播者木扁虱最近产生了抗药性，褐色狗虱逃离化学死神的能力更是早已得到彻底而广泛的证实；这可不仅仅是狗的麻烦，对人而言也是个大问题。褐色狗虱本是亚热带物种，当它在新泽西这样的北方地区定居下来时，它就必须在有取暖设备的建筑物内过冬，户外可不行。美国自然历史博物馆的约翰·C.帕里斯特在1959年夏天的报告中称，他的部门一直以来收到了许多来自中央公园西区附近公寓楼的电话。帕里斯特先生说：“常常是整栋公寓楼内幼虱泛滥，而且很难除掉。一条狗若是在中央公园偶尔染上了扁虱，它们就会在公寓里到处产卵、孵化。它们似乎对DDT、氯丹以及大部分现代喷剂都具有免疫力。过去在纽约市见到扁虱可谓非同小可，而今不管是在这儿，还是在长岛、韦斯切斯特，一直到康涅狄格州，它们简直到处都是。我们注意到最近五六年问题尤为明显。”

遍及北美大部分地区的德国蟑螂已经对氯丹产生抗药性，它曾是灭虫人员的得意武器，现在只好改用有机磷。然而，最近对这类杀虫剂的抗药性也出现了，迫使灭虫人员不得不面对一个问题：下一步何去何从?

防治虫媒疾病的相关机构目前处理问题的高招就是你抗我换，各种杀虫剂轮着用。可是任凭发明新药的化学家们再怎么创意无限，此法也不可能是长久之计。布朗博士曾指出，我们现在算是上了“单行道”，没人知道这条道有多长，不过一旦走到了尽头，而防治传病昆虫的目标又没有最终实现的话，我们的处境就真的堪忧了。

对付侵染农作物的害虫方面，情况也是如出一辙。

对早年间使用的无机化学品表现出抗药性的农业害虫大约只有十几种，而今这个列表却增加了一大群，这些昆虫对DDT、BHC、林丹、毒杀芬、狄氏剂、艾氏剂，甚至被寄予厚望的磷酸酯类都已产生抗药性。1960年，庄稼害虫中具有抗药性的已达六十五种。

1951年，美国出现了第一批农业昆虫对DDT产生抗药性的案例，当时DDT投入使用仅六年时间。最让人头疼的状况大概要数苹果卷叶蛾了，如今它对DDT的抗药现象已经出现在全世界几乎所有苹果种植区。卷心菜害虫的抗药性制造了另外一个严重问题。在美国许多地区，马铃薯害虫也正在摆脱化学农药的控制。六大棉花昆虫、形形色色的吃稻木虫、水果飞蛾、叶蝗虫、毛虫、螨虫、蚜虫、铁线虫以及其他多种昆虫都可以对化学喷剂的攻击不理不睬了。

化学工业不愿意正视抗药性这一不愉快的事实，这大概也是可以理解的。甚至在1959年，在已有超过一百种主要昆虫对化学农药表现出明显抗药性的情况下，农业化学业内一家主要杂志仍然在谈论昆虫抗药性“是真的，还是想象出来的”。然而，无论化学工业多么希望可以闭目塞听，问题却是不可能自动消失的，而且也造成了一系列令人不快的经济后果。其中之一就是化学防治昆虫的成本稳步增加。提前储备化学杀虫剂已经失去了意义，因为今天可能还是最有前途的杀虫药品，明天就可能全线惨败。一款杀虫剂从研发到投放所必需的极为巨大的资金投入有可能突然一扫而光，因为昆虫们总能一次次地

证明，对付自然的有效手段绝不是施以蛮力。无论杀虫剂新用途和施药新方法的研发技术发展得有多快，我们很可能会发现，昆虫始终在遥遥领先。

达尔文本人恐怕也找不到比抗药机制的运作方式更恰当的例子来说明自然选择的原理了。在一个原始种群当中，其各成员在身体结构、行为和生理机制上千差万别，只有那些"顽强"的昆虫才能在化学攻击下存活。喷药将弱者全部杀光，幸存者一定是拥有某种遗传特质，使其能够抗得住伤害；进而，它们所养育的下一代又会通过简单的继承关系而获得先天的"顽强性"。由此而造成的不可避免的结果是：用强力化学药物施以密集喷洒只能使本想解决的问题变得更糟。如此下去不出几代，我们面对的就不再是一个强弱混杂的昆虫种群了，而是亲手造就了一个全部由顽强的、生就抗药的品种组成的昆虫群体。

昆虫抵御化学物质的方式可能各不相同，迄今也还没有被人类了解透彻。有些昆虫之所以可以藐视化学药物的控制，有人认为是得益于其身体构造之优势，不过此观点似乎也没有什么确凿证据。然而，某些昆虫种类具有免疫力却已是确定无疑，且来自大量的观察，比如布里耶博士在丹麦斯普林佛比的虫害控制研究所对苍蝇所做的观察。他报告说眼见着苍蝇"置身 DDT 之中简直如鱼得水、乐在其中，那感觉就像从前的巫师踩着烧红的炭火跳舞一样"。

世界各地都有类似报告。在马来西亚吉隆坡，蚊子对 DDT 的初期反应是离开施药的屋内；然而，随着抗药能力的提高，你会发现它们若无其事地停留在喷过 DDT 的物体表面，它们脚下的 DDT 残留甚至可以用手电筒清晰看到。在台湾南部的一座军营里，对产生抗药的臭虫进行取样时发现，它们的身上就沾有 DDT 粉末。随后的实验中，这些臭虫被包在一块浸满 DDT 溶液的布料里，结果它们存活了长达一个月，照常产卵，而且生出的幼虫个个茁壮成长。

不过，抗药性不一定依赖于身体的特别构造。比如抗 DDT 的苍蝇体内拥有一种酶，可以将DDT降解为一种毒性较弱的化学物质DDE。这种酶只存在于那些拥有抗DDT遗传因子的苍蝇体内，当然，这种抗性因子是会世代相传的。至于苍蝇及其他昆虫如何解除有机磷类化学品的毒性，目前还不大清楚。

某些活动习性也可能使昆虫不为化学品所伤。许多工作人员发现，抗药的苍蝇更愿意停留在未施药的地面上，而不是施过药的墙壁上。抗药的家蝇可能具有厩螫蝇的一种习性，即静静地停在一个地方，这自然大大降低了它们与毒药残留接触的频率。某些疟蚊也是因一种习性使它们减少了与DDT的接触，从而使其等同于获得了免疫：一受到喷剂的刺激，它们就会离开室内，飞到户外得以存活下来。

通常说来，昆虫的抗药性需要两到三年才能形成，不过偶尔也可能仅需一季，甚至更短时间即可做到，而反向的极端情况下也可能需要长达六年的时间。一个昆虫种群在一年内繁殖的代数也是个重要因素，而这会因种类、气候而异。比如加拿大的苍蝇就比美国南部苍蝇的抗药性发展得慢一些，因为漫长而炎热的夏季更利于昆虫繁殖。

有时也会有人问起一个充满希望的问题："既然昆虫能够对化学品产生抗药性，难道人类做不到吗？"理论上说，可以；不过这需要数百年，甚至几千年，因此对于今天在世的人而言，就不必自我安慰了——抗药性可不是在一个人身上就可以形成的东西。当然，如果你生就具有某种特质，使你比其他人更不易中毒的话，那么你存活并生育后代的可能性会大一些。可以说，抗药性是一个族群经许多代才能逐步产生的东西；人类的种群繁衍速度大约是每个世纪三代人，而新一代昆虫的产生不过就是几天或几个星期的事。

"某些情况下，我们接受一点损伤也许更明智，这样远胜于暂时毫发无损、却因失去作战力而付出长远代价。"这是布里耶博士在荷兰任植物保护管理局主管时给出的建议，"切合实际的建议应该是'尽可能少喷药'，而不是'喷到极限'……施加给害虫种群的压力应该是越轻越好"。

不幸的是，如此远见在美国相应的农业管理部门却不受待见。农业署1952年专门论述昆虫问题的《年鉴》上承认了昆虫产生抗药性的事实，但是却说："为了更有效地控制昆虫，需要更频繁、更大量地使用杀虫剂。"该部门并没有说如果只剩下不仅会让地球没有昆虫、也会让她没有任何生命的化学品还未尝试过的话，将会发生什么状况。不过在1959年——农业署给出上述建议仅七年之后，《农业及食品化学日志》上援引了康涅狄格州一位昆虫学家的言论，大致意为：届时，最后的可用新药至少可以在一两种害虫身上试用。

布里耶博士却如是说：

显而易见，我们正走上一条危险之旅……我们恐怕不得不在其他控制手段上进行一些积极有效的研究，这些手段恐怕只能是生物学的，而非化学的。我们的目标应该是：尽可能谨慎地引导自然进程向我们希望的方向发展，而不是使用蛮力……

我们需要更高的目标取向和更深的洞察力，而这些品质是我在许多研究人员身上看不到的。生命是个奇迹，超越我们理解能力的奇迹。我们应该对它心存敬畏，尽管我们又不得不与之抗争……诉诸杀虫剂之类的武器来控制它，这只能证明我们的无知无识、无能无力，不懂得如何引导自然的发展进程而无须使用蛮力。面对自然，谦卑才是正道，科学是没有理由在这里狂妄的。

第十七章　另一条路

如今，我们站在了两条路的分岔口。可是，这两条路与罗伯特·弗罗斯特那首脍炙人口的诗[1]中所写得不太一样，它们并非同样美好诱人。我们长期以来一直选择的那条路看似阳关大道、舒适坦途，任凭我们高速驰骋，但这只是骗人的假象，因为灾难就等在路的尽头。而另外那条岔路——那条“人迹罕至”的路——却是我们最后的、我们唯一的机会，只有到达它的终点，才能保住我们的地球。

何去何从，选择终究在我们自己。如果我们历经磨难之后，终于开始主张我们的“知情权”；如果我们因知情而终于明白，我们是在被迫承担毫无意义的、可怕的风险，那么，我们就不该再接受那些人的忠告，说什么我们必须让世界充满有毒化学品；我们应该环顾左右，看看我们还有没有别的出路。

昆虫的防治除了化学手段以外，还有其他替代方案，而且真的是五花八门选择颇多。其中有些已经得以应用，而且成效斐然；其他方

① 这里指的是弗罗斯特最著名的一首诗《未选择的路》（The Road Not Taken）。该诗在最受欢迎的英文诗歌排行榜里一向名列前茅。主人公在诗中选择了相对荒芜的路，经历了痛苦、磨难，旅途中不断回想起那条未选择的路。诗中表达的独特的双重思考正是弗罗斯特在诗坛独树一帜的重要原因。

案正处实验室测试阶段；还有更多方案目前还只是想象丰富的科学家们头脑中的奇思妙想，只待时机投入试验。不过所有这些方案都有一个共同点：它们都是生物学的解决方案，都是基于对试图防治的生物及其背后整个的生命架构有所了解而形成的。在这个包罗万象的生物学领域内，昆虫学家、病理学家、遗传学家、生理学家、生化学家、生态学家——各方专家群策群力，将各自的专业知识及创意灵感倾注其中，从而形成了一个全新的科学领域——生物防治。

约翰·霍普金斯大学的一位生物学家卡尔·P.斯旺森说："任何一门科学都可以比作一条河流：它的源头并不分明、也不壮观；它的水流时而平缓、时而湍急；它有可能流干，也有可能涨满。科学的发展也一样，它汇聚了众多研究者的努力，接纳了各种思潮的交融，于是，它的动势渐强；各种概念、各种原理逐渐累积并发展，于是，它便不断被拓宽、被加深。"

现代意义的生物防治科学也即如此。在美国，它默默无闻地起源于一个世纪之前，最初的几次尝试就是引入令农民备感困扰的某些昆虫之天敌；这种努力有时举步维艰，有时甚至驻足不前；但是，每一次的斐然成功，又总能助推着它，让它时不时获得加速和前进的动力。它也有过枯干期，那是在40年代，应用昆虫学领域的工作人员被各种超炫的新型杀虫剂搞得眼花缭乱，干脆将生物防治手段统统抛诸脑后，转而踏上了"化学防治的跑步机"。可是，没有昆虫之扰的世界这一目标却离我们渐行渐远。而今，我们终于幡然醒悟：不计后果、随心所欲地使用化学物质给我们自己造成的威胁远大于对昆虫之威胁，于是，生物防治这条科学之河再度流淌，并有新的思想之流不断汇入。有些新方法最为引人注目：它们试图以昆虫之力反制其身——利用一种昆虫生命力的本能欲求来消灭其同类。其中最令人惊叹的莫过于"雄性绝育"技术了，这一技术的研发者是美国农业署昆虫研究所的负责人爱德华·尼普林博士及其同事。

大约二十五年前，尼普林博士提出的一个非常独特的昆虫防治法令同事们大吃一惊。他当时提出的还只是一个理论：如果有可能将相当数量的雄性昆虫施以绝育并释放出去，那么这些不育的雄性昆虫就会在特定条件下同正常的野生雄性竞争并取胜，这样经过几轮的话，就不会再有受精卵生出，该昆虫的种群就会逐渐灭绝。

这一提议遭遇的依旧是官方的不作为和科学界的怀疑论，可是尼普林博士仍然坚持这个想法。不过要将此方法付诸测试，还有一个重大问题有待解决，即首先必须找到一个切实可行的方法使昆虫不育。学术界早在 1916 年就已知一个事实——昆虫接受 X 射线照射后可能导致不育，当时一位名为 G.A. 朗纳的昆虫学家报道过烟草甲虫的这一不育现象。20 世纪 20 年代后期，赫尔曼·穆勒通过 X 射线引发突变的先驱性研究更是开创了一个全新的思想领域，截至 20 世纪中叶，许多研究人员报道的 X 射线或 γ 射线[①]导致昆虫不育的案例至少牵扯到十几种昆虫。

不过这些都是实验室研究而已，距离实践应用尚需时日。1950 年前后，尼普林博士正式展开了将辐射绝育法用作武器的尝试，当时的目标是消灭南方家畜的一种主要害虫——螺旋蝇[②]。这种昆虫的雌虫会将虫卵产在流血动物外露的伤口上，孵出的幼虫是一种寄生虫，靠宿主的血肉为食。它们可以让一头发育完全的公牛在短短十天内死于严重感染，在美国，每年由此而损失的牲畜总价值高达四千万美元。野生动物的伤亡不大容易测定，不过必定也是巨大的。得克萨斯州部分地区鹿的稀缺就是由于这种螺旋蝇造成。这是一种热带或亚热带昆虫，主要生活于中、南美洲及墨西哥，在美国的活动区域通常仅限于西南部。然而 1933 年前后，它们意外传入佛罗里达州，而那里的气

---

① γ 射线：即伽马射线，也称丙种射线，是由镭及其他一些放射性元素的原子所放出的射线。

② 螺旋蝇：美国南部及西南部一种可怕的蝇，专门在家畜伤口、鼻孔或耳朵里产卵，孵化出来的幼蝇蛆能造成家畜死亡。此处提及的“辐射绝育法”或称“雄性不育法”，是将其幼虫在虫蛹时期给予 10 倍于人体致死剂量的放射线照射，但对昆虫而言不会致死，只是足以使其失去生育能力。然后将大量雄蝇施放出去，经交配后的雌蝇再也没有产卵繁殖能力。此法后来在日本久米岛也曾运用过。

候也使其得以越冬生存并成功确立种群。后来，它们甚至推进到亚拉巴马州南部和佐治亚州，这样，东南各州畜牧业遭受的年损失迅速升至两千万美元。

多年以来，得克萨斯州农业部的科学家们已经积累了大量有关螺旋蝇的生物学信息。到 1954 年，尼普林博士在佛罗里达州部分岛屿进行了一番初步的实地测试后，准备进行更大范围的实验以验证自己的理论。为此，他经由荷兰政府安排，去了加勒比海中与大陆相隔至少五十英里的库拉索岛[①]。

从 1954 年 8 月开始，已经在佛罗里达州农业部实验室里培育并经过不育处理的螺旋蝇被空运至库拉索岛，用飞机将其以每周四百平方英里的速度施放出去。此举几乎立竿见影，产在实验山羊身上的卵群数量几乎是立即就开始减少，虫卵的能育率也跟着下降了。从开始施放算起仅七周后，所有的虫卵均已失去孵化能力。再过没多久，已经完全找不到一个卵群了，不管是不是有孵化能力的。螺旋蝇已经确确实实在库拉索岛上被彻底根除。

库拉索岛实验的轰动性成功大大刺激了佛罗里达州畜牧养殖者希望以此特殊技术一举解决螺旋蝇之灾的愿望。于是，尽管在此施行相对而言困难极其巨大——因为这里的面积是那座加勒比小岛的三百倍，但是 1957 年，根除计划还是得以施行，美国农业署和佛州农业部联合为此提供了资金。这一工程主要涉及的措施包括创建一座特殊的“苍蝇工厂”，每周产出五千万只螺旋蝇，动用二十架轻型飞机按预设的航线飞行，每天飞行达五到六小时，每架飞机上携带一千只纸盒，每只纸盒里装有两百到四百只已遭辐射的苍蝇。

1957—1958 年的冬天适逢寒冬，整个佛州北部气温牢牢锁在冰点之下，螺旋蝇的种群也因此缩减并局限在较小区域内，这给计划的施行提供了意想不到的良机。截至十七个月后该项目完成时为止，总

---

① 库拉索岛：位于加勒比海南部、靠近委内瑞拉海岸的一座岛屿，原为荷兰属安的列斯群岛的一部分。

共有三十五亿只人工培育并施以绝育的苍蝇被投放到佛罗里达州全境及佐治亚州和亚拉巴马州部分区域。最后一例因螺旋蝇造成的动物伤口感染出现于1959年2月，此后的几个星期里，又有几只成年螺旋蝇落网，再以后，螺旋蝇便彻底销声匿迹了。东南地区的灭绝计划就此宣告完成——科学创造力价值的一次完美展示，当然，科学家的全面基础研究、毅力和决心功不可没。

如今，密西西比州已经建立起一座隔离屏障，以防螺旋蝇从西南地区再度入侵。而在西南地区，螺旋蝇已经扎下根来，若要根除，恐怕是相当艰难的一项事业，不得不考虑牵扯面积之广，况且还有从墨西哥卷土重来的可能性。尽管如此，毕竟利害关系如此重大，农业署目前的想法似乎是要在不远的将来，在得克萨斯州及西南各州其他受害地区尝试施行某种计划，其宗旨是至少将螺旋蝇种群数量控制在尽可能低的水平。

螺旋蝇战役的辉煌胜利激发了运用相同手段治理其他昆虫的巨大热情。当然，并非所有昆虫都适合以此技术根治，是否能够采用很大程度上还要取决于其具体生长史、种群的密度以及对放射线的反应。

英国已经开始进行试验，希望以此方法对付罗德西亚①的采采蝇。这种昆虫侵染了大约三分之一的非洲土地，给人类健康构成了威胁，同时也妨碍了总面积达四百五十万平方英里的林区牧场内的畜牧饲养。采采蝇的生活习性同螺旋蝇可有相当大的差异，尽管也可以通过辐射达到使其不育的目的，但尚有一些技术难题有待解决，这之后才有可能应用这一方法。

英国已经测试过其他大量昆虫对辐射的敏感程度，美国科学家也已经针对瓜蝇及东方果蝇、地中海果蝇取得了一些喜人的早期成果，在夏威夷做了实验室测试，并在罗塔岛进行过实地测试。玉米螟和甘蔗螟也得到了测试。具有医学研究意义的昆虫也有可能通过不育技术

① 罗德西亚：位于南部非洲的英国殖民地，1980年4月18日才改名为津巴布韦并沿用至今。

实现控制。一位智利科学家曾指出，传播疟疾的蚊虫在其国内久攻不下，施用杀虫剂也无济于事；那么，施放不育的雄蚊或许才是根除疟蚊所需的致命一击。

通过放射线施行绝育术明显存在的难度已经迫使人们开始寻找更容易、同时又能达到类似效果的方法，而目前人们对化学不育剂明显表现出压倒性的兴趣。

佛罗里达州奥兰多市农业部实验室的科学家们正在试图将化学物质掺入恰当的食物以使家蝇不育，目前处在室内实验阶段，甚至还进行了一些实地测试。1961 年在佛罗里达群岛其中一座小岛上进行的实验中，整个家蝇的群落仅在五周之内便被几乎杀灭。当然，随后又有附近其他岛屿的家蝇飞来并重新繁殖，不过作为一个试点项目，该实验可谓成功。农业部对此方法之前景颇感兴奋，这个不难理解。首先，正如我们所见，家蝇通过杀虫剂几乎已经无法控制；一种全新的防治方法无疑势在必行。辐射绝育法的一大问题是它不仅需要人工培育，而且必须保证施放的不育雄虫数量超过野生家蝇。这一点在螺旋蝇个案中可以做到，因为它本身并非数量很庞大的昆虫。可是在家蝇的情况下，要人为施放超过现有数量两倍的家蝇，就算只是暂时性增加，也可能会遭遇到强烈反对。而化学不育剂却另当别论，它可以跟饵料掺在一起，然后引入家蝇的自然生长环境，食用后的家蝇就会不能生育；假以时日，不育的家蝇终将占据数量优势，如此一来，这种昆虫必将自行灭绝。

测试化学物质的不育效果要比测试其化学毒性困难得多，仅对一种化学物质进行测评就需要三十天的周期——当然，多种测试可以同期进行。从 1958 年 4 月到 1961 年 12 月间，奥兰多的实验室对数百种化学物质可能的不育效果一一进行了甄别测定，尽管从中只发现了少数几种有潜力的化学物质，不过农业部似乎也很满意了。

目前，农业部其他实验室接手了问题的后续研究，将筛选出的化学品用在厩螫蝇、蚊子、棉籽象鼻虫以及多种果蝇身上加以测试。所有项目眼下尚处实验阶段，不过化学绝育剂的研究工作开展短短数年，这项事业已有巨大发展。理论上，它具有多种吸引人的特性。尼普林博士曾指出，有效的化学昆虫绝育剂“可能轻易超越已知最好的杀虫剂”。仅以一种假想情况为例：一个数量为一百万的昆虫种群，其繁殖速度为每一代翻五倍。某种杀虫剂对每一代昆虫的杀灭率为90%，那么三代以后将有125 000只昆虫存活下来。相比之下，若使用某种功效可达90%的化学绝育剂，则只会有125只昆虫得以存活。

当然，不利的一面是，化学不育剂中也包括一些极为烈性的化学物质。所幸，至少在目前这些早期阶段，大部分研发化学不育剂的研究人员似乎还算在意寻找安全化学品及安全施用方法的必要性。尽管如此，时不时就能听到有人建议可以将化学不育剂以空中喷洒的方式施用，比如，给舞毒蛾幼虫习惯咬嗜的叶子表面喷洒一层药剂。在进行此类尝试之前若不对可能牵扯到的危险因素进行彻底调研，那必将达到不负责任的新高度。如若不能将此类化学不育剂的潜在危险始终铭刻于心的话，我们将会发现，我们很容易陷入比目前杀虫剂所制造的麻烦更加危险的境地。

目前测试中的绝育剂大致可以归入两大类，各自的作用方式都极为有趣。第一大类同细胞的生命进程即新陈代谢紧密相关；就是说，它们与细胞或组织所需的某种物质极其相似，因此有机体可能会将其“误认作”真正的代谢物，从而试图将其纳入正常的生长进程；但这一契合过程中的某些细节是错的，于是整个生长进程便会陷入停滞。这类化学物质被称为抗代谢物。

第二大类则包括作用于染色体的化学物质，它们很可能会影响基因化合物并导致染色体破裂。这一类化学不育剂属烷化剂，是反应性极强的化学物质，具有超强细胞破坏能力，能够损伤染色体并引发突变。伦敦切斯特比蒂研究所的皮特·亚历山大博士的观点认为“任何烷化剂在有效造成昆虫不育的同时，也是一种强力的诱变剂和致癌物”。亚历山大博士感觉，这类化学物质在昆虫防治方面任何可以想象得到的应用都将“遭遇最激烈的反对”。因此，让我们共同期望，目前的实验将不会导致这类特殊化学物质被投入实际应用，而是借此发现其他更安全、对目标昆虫具有高度针对性的化学品。

近期所进行的研究工作中，还有其他一些极为有趣的方法，它们尝试利用昆虫自身的生活特性打造武器反制其身。昆虫本身会产生各种毒液、引诱剂、驱避剂。这些分泌物的化学性质是什么呢？我们是否可以将其作为具有高度针对性的杀虫剂来使用呢？康奈尔大学及其他地区的科学家们正在试图寻找其中某些问题的答案，深入研究许多昆虫用以保护自己不受猎食者袭击的防御机制，查明昆虫分泌物的化学结构。其他科学家则在致力于研究所谓的“保幼激素[①]”——昆虫体内的一种强力物质，可以阻止昆虫幼虫在达到正常发育阶段之前发生变形。

这类对昆虫分泌物的探索最能直接带来实用成果的莫过于引诱剂，或称诱食剂的开发了。在这里，自然又一次指明了道路，舞毒蛾就是尤其耐人寻味的一个案例。雌蛾因身体过重飞不起来，于是，它们只能在地面或靠近地面处生活，最多就是在低矮的植物中间扑腾，或者爬到树干上。而雄蛾则不然，它们飞行能力极强，甚至会因雌蛾体内特殊腺体发出的某种气味而被吸引，大老远地飞过来。昆虫学家已经利用这一现象很多年了，他们想尽办法将这种性诱物质从雌蛾体内提取出来，然后将其用作诱引雄蛾的陷阱，适用于在这种昆虫分布区域的边缘实施昆虫数量的统计调查。不过此举花费极高，因为，不管东北各州如何大肆渲染毒蛾泛滥的状况，可实际上并没有足够的雌蛾用以提取该物质，于是只好远赴欧洲，人工采集雌蛾的蛹并引进国内。有时，这一系列工序的成本高达每只蛹半美元。因此，最近农业

---

① 保幼激素：昆虫发育过程中由咽侧体分泌的、可以保持其幼虫性状和促进成虫卵巢发育的一种激素。在幼虫期能抑制成虫特征的出现，使幼虫蜕皮后仍保持幼虫状态；成虫期则有控制性发育、产生性引诱、促进卵子成熟等作用。保幼激素可以通过人工合成，喷洒在昆虫幼虫上，可使幼虫增加蜕皮次数；喷洒在成虫上则产生不孕现象；喷洒在卵上能阻止胚胎发育，引起昆虫各期的反常现象，故可作为防治害虫之用。

署的化学家们成功地离析出了该性诱物质，可谓历经多年努力而取得的一次重大突破。这一发现后随之而来的便是成功地提取蓖麻油成分并制成了密切相关的合成材料，这一材料不仅成功骗过了雄蛾，而且很显然确实与原来的天然性引诱剂效果相当。每个捕虫器中仅需 1 微克（即百万分之一克）即可成为有效的诱杀剂。

这一切可绝不仅仅具有学术意义，因为这种新的、经济的“树虫杀[①]”不仅可以用于昆虫的统计调查，也能用于昆虫的防治。几种引人注目的潜在用途目前正处在测试阶段：其中之一可以被界定为心理战实验，其方法是将这种性诱剂制成颗粒状，然后用飞机撒播。其目的是扰乱雄蛾的方位判断，改变其正常行为，使其在到处弥漫的诱惑气味中无法找到雌蛾的真实嗅迹。这套攻击方法甚至还被推进了一步，将目的设为诱骗雄蛾，使其试图与假雌蛾交配，目前此方法也在实验阶段；在实验室测试中，雄舞毒蛾已经被诱使尝试与木片、蛭石以及其他无生命的小物件进行交配，只要用性诱剂将该物体适当浸染。像这样误导昆虫的交配本能使其转向无繁殖的渠道是否真的足以减少种群数量尚需实践检验，不过这的确是个有趣的可能性。

舞毒蛾诱饵是首例人工合成的昆虫性诱剂，不过或许很快就不是唯一的了。多种农业昆虫目前都在被深入研究，以期可以研发人工仿制的诱骗剂。现已取得喜人成果的是海森蝇和烟草天蛾的研究。

人们正在尝试将引诱剂与毒药的混合物用于防治多种昆虫。政府机构的科学家已经研制出一种名曰“甲基异丁香酚”的诱虫醚，雄性东方果蝇及瓜蝇对此诱惑难以抗拒。它已被掺入毒药，投放到日本南部海域四百五十英里外的小笠原群岛进行测试。他们将纤维板小碎片浸满这种化合物，空投至整个岛群，以诱杀雄蝇。此“雄虫灭绝”项目开始于 1960 年，仅一年后，农业署估算已有超过 99% 的雄蝇被杀灭。这里运用的方法似乎具有明显超越传统杀虫剂撒播法的优势，其

---

① 树虫杀：前文所述专门用于诱杀雄舞毒蛾的性引诱剂的俗称，可以指雌性舞毒蛾的天然内分泌素，也可以指人工合成的类舞毒蛾醇。

中使用的毒药是一种有机磷化合物，它只存在于纤维板小碎片中，这种东西不大可能被野生动物所吞食；而且，其残留物会很快消散，因此也不会对土壤及水源造成潜在污染。

不过，昆虫世界的交流方式并非全靠气味的吸引或排斥，声音也可能成为警告信号或者吸引手段。蝙蝠飞行时发出的一种不间断的超声波（黑暗中用以引导它飞行的一种“雷达系统”）可以被某些蛾类听到，从而使其得以躲避捕杀。寄生蝇飞近时发出的振翅声对锯蝇幼虫而言是一种预警，会让它们聚在一起来保护自己。反之亦然，某些钻木昆虫发出的声音恰恰会引导寄生虫找到它们；而对于雄蚊而言，雌蚊的振翅声有如海上女妖的歌声一般动听。

昆虫感知声音并做出反应的能力能否为我们所用，以及如何利用呢？目前尚处实验阶段、不过已然十分有趣的一项研究是通过播放事先录制好的雌蚊飞行时发出的声音以吸引雄蚊，这项研究现已取得初步成功——雄蚊确实被引诱到电网上而丧命。加拿大目前正在测试超声波脉冲对玉米螟及夜蛾科飞蛾的驱赶效果。夏威夷大学动物声音研究领域的两位权威人士，休伯特·弗林斯和梅博·弗林斯教授相信，以声音来影响昆虫行为的实地应用方法已近在眼前，只等我们找到合适的钥匙来开启和应用有关昆虫制造及接收声音方面已有的、巨大的知识宝库。趋避的声音可能比引诱的声音提供的应用可能性更大。两位弗林斯教授为世人所知正是因为这一重大发现：在听到同类发出的痛苦叫声的录音时，八哥会四散躲避。或许这一发现中至少包含一个核心事实可以为昆虫研究所用。对于讲求实用的工业界而言，这一可能性似乎完全可以实现，因此至少已经有一家大型电子公司正准备建立实验室进行测试。

声音也可以用于直接杀灭昆虫，目前也在测试当中。在实验室的密闭空间内，超声波能够杀灭所有蚊子的幼虫；不过，它也杀灭了其他水生生物。在其他实验中，绿头苍蝇、面粉虫以及黄热病蚊子可以在几秒钟之内就被空气传播的超声波杀光。所有这些实验只是迈向全新昆虫防治理念的第一步，神奇的电子学有一天可能会将这些理念变成现实。

新兴的生物防治法也并不全是电子学、γ射线以及其他人类发明智慧的产物，其实有些方法渊源已久，它们基于一个认识，即昆虫也跟我们自己一样，是会生病的。细菌感染可以席卷它们的种群，就像过去的鼠疫一样；在病毒的攻击下，它们的整个群落也会生病、死亡。昆虫疾病的发生早在亚里士多德的时代之前就已为人所知；桑蚕的疾病甚至还在中世纪的诗歌里得到咏颂；也正是通过对这种昆虫疾病的研究，巴斯德才获得了人类对传染病原理的最早认识。

困扰昆虫的不光是各种细菌和病毒，而且还有各种真菌、原生动物、微小蠕虫以及其他肉眼不可见的微观生命世界的生物，它们大体而言应该算是人类的朋友，因为这些微生物可不单单是指病原微生物，还包括那些分解废料的、使土壤肥沃的，以及那些参与到类似发酵作用、硝化作用等数不清的基本生物进程中的微生物。为什么不能让它们也在昆虫防治上助我们一臂之力呢？

最早设想到微生物有此用途者是19世纪动物学家埃利·梅契尼科夫。从19世纪后半期的几十年到20世纪的前半叶，微生物防治法的概念逐渐成形。昆虫的防治可以通过在其生长环境中引入一种疾病来实现，这一理念的第一例真凭实据出现在30年代后期，当时人们在日本甲虫的防治中发现并利用了乳化病——一种由芽孢杆菌属的细菌孢子所引起的疾病。这一经典的细菌防治案例在美国东部地区已有长期的应用史，对此我在第七章中已有提及。

目前，同属的另外一种细菌——苏云金芽孢杆菌——的测试被寄予厚望，这一菌种最早于1911年在德国的图林根省被发现，当时它在面粉蛾幼虫中引发了致命的败血症。这种细菌的杀伤力其实是靠它的毒性，而不是靠引发疾病。在这种只存在于植物体的杆菌内部，随着孢子的生长，会形成一种特殊晶体，其主要成分是对某些昆虫（尤其是类蛾的鳞翅目昆虫）之幼虫具有高致毒性的蛋白质物质。幼虫蚕食了带有这种毒素的叶子之后，很快便会出现麻痹，停止进食并迅速死亡。从实用角度看，昆虫的蚕食可以被迅速制止，这本身当然就是一个重大利好，因为只要施放了这种病菌，就可以立刻阻止庄稼受害。目前，含有苏云金芽孢杆菌孢子的化合物在美国有多家企业都在生产，品牌商标各不相同。有些国家则正在进行野外测试，如在法国和德国针对菜粉蝶幼虫，在南斯拉夫针对秋日织网毛虫，在苏联针对一种天幕毛虫。在巴拿马，对这种细菌杀虫剂的测试始于 1961 年，它有望解决香蕉种植户遭遇的一些严重虫害问题。在那里，根部钻蛀虫是香蕉树的一大严重害虫，对其根部的破坏可以导致香蕉树被风一吹就倒。此前，狄氏剂是对付这种钻孔蛀虫唯一有效的农药，可是使用至今已经引发了一系列的灾难；这些蛀虫也开始抗药；该药物还杀灭了一些重要的捕食类昆虫，并由此而致卷叶蛾增多，那是一种体形短而粗的蛾类，其幼虫可致香蕉表面疤痕累累。有理由相信，这种新型的微生物杀虫剂可以同时根除卷叶蛾和钻孔蛀虫，而且又不会扰乱自然的平衡。

在加拿大及美国东部林区，细菌杀虫剂可能是解决诸如蚜虫和舞毒蛾之类森林害虫的重要武器。两国都于 1960 年开始对苏云金芽孢杆菌商业制剂展开实地测试，并已取得了一些令人振奋的初期成果。比如在佛蒙特州，细菌防治法的终期效果完全可以媲美 DDT。对于常青树木而言，目前面临的主要技术难题是找到何种溶液作为载体，才能将细菌的孢子黏附于针叶表面。对庄稼而言，这个就不成问题，甚至使用粉剂都可以。细菌杀虫剂已经在多种蔬菜上尝试使用，尤其是在加州。

与此同时，围绕着病毒而展开的研究工作也在进行中，虽然可能不那么引人注目。比如在加州，大片大片长满紫花苜蓿幼苗的田野都在喷洒一种内含病毒的溶液，而该病毒正是取自恰恰因感染这种极其致命的病毒而死亡的毛虫之尸体；因此，对于这种破坏力极强的苜蓿毛虫而言，此溶液的致死能力绝对不亚于任何一种杀虫剂。五条患病毛虫的尸体便可提供足够施于一英亩苜蓿地的病毒。再比如，在加拿大的一些林区里，一种病毒在防治松树锯齿蝇方面被证明相当有效，以至于现已取代杀虫剂。

捷克斯洛伐克的科学家们正在试验将原生动物用于防治结网毛虫及其他害虫，而在美国，一种寄生性原生动物被发现可以大大降低玉米螟的产卵能力。

提到微生物杀虫剂这样的名词术语，有些人眼前出现的画面可能会是危害生命的细菌战。其实不然。昆虫病原体与化学药物恰恰相反，它们只作用于其预期目标，对其他生物无害。一位杰出的昆虫病理学权威爱德华·施泰因豪斯博士强调说："没有业经证实的案例表明昆虫病原体曾经引发脊椎动物传染病，无论是在实验室中，还是在自然条件下。"

昆虫病原菌具有明显特异性，它们只会感染一小部分昆虫——有时甚至只是单单某一品种。从生物学角度看，它们本就不属于会在高等动物或者植物中引发疾病的那种生物体。正如施泰因豪斯博士所指出的，自然界里昆虫疾病的爆发从来都是只局限于昆虫种群当中，既不会影响其宿主植物，也不会感染捕食它们的动物。

昆虫有许多天敌，不仅限于多种微生物，还包括其他昆虫。通过扶植天敌而对昆虫施以控制这一提议通常被认为最早是由伊拉斯谟斯·达尔文[①]于1800年前后提出的。或许因为以一种昆虫防治另一种昆虫这种方法可以算是最早得到普遍实践的生物防治手段了，于是人们普遍以为这是除化学防治法外唯一的选择，不过这种认识并不正确。

在美国，传统生物防治法的真正起源可以回溯到1888年。那一年，阿尔伯特·科比尔——如今日益壮大的昆虫探险家队伍中最早的

---

① 伊拉斯谟斯·达尔文（Erasmus Darwin，1731—1802）：英国医学家、诗人、发明家、植物学家与生理学家，查尔斯·达尔文的祖父，也是早期提出类似演化观念的学者之一。他曾提出物种的可变性，以及不同生物可能由共同祖先"传衍"的概念。

一位先驱者——远赴澳大利亚去寻找吹绵蚧的自然天敌，因为这种介壳虫使加州的柑橘业面临毁灭性威胁。如我们在第十五章中所述，该任务取得了空前巨大的成功，于是，在接下来的这个世纪里，为了寻找自然天敌来控制那些不请自来地进入我们各口岸的昆虫，整个世界都已经被找了个遍；总计约有一百种引进的捕食性昆虫及寄生性昆虫成功在这里存活下来。除了科比尔引进的维达利亚瓢虫以外，其他某些昆虫的引进也是相当成功的。引自日本的一种黄蜂已经完全控制了侵害东部苹果园的害虫，苜蓿彩斑蚜虫是从中东地区意外入境的，幸亏又引进了它的几大自然天敌，加州的苜蓿业才得以保全。舞毒蛾的寄生性和捕食性昆虫对它的控制效果都很好，就像钩土蜂对日本甲虫的控制效果一样。对介壳虫和水蜡虫的生物防治法每年大约为加州节省数百万美元——事实上，据该州一位顶尖的昆虫学家保罗·德巴赫博士估算，加州在生物防治工作中投入仅四百万美元，但取得的效益已达一亿美元。

通过引进自然天敌来防治严重虫害，这种生物防治法的成功实例遍及全球四十多个国家。此类防治法优于化学手段之处显而易见：它相对成本低廉、功效持久、无任何有毒残留。然而，生物防治法一直以来却备受冷遇。加州差不多就是在生物防治方面唯一一个有正规项目的州，其他各州甚至没有一位昆虫学家致力于此。也许正是由于缺乏支持，通过昆虫天敌实施生物防治的项目在执行过程中往往得不到其应有的科学彻底性——对于被捕食昆虫种群数量的影响很少得到细致深入的研究，昆虫天敌的投放数量往往也缺乏精准，而这种精准度可能正是决定成败的关键。

捕食性昆虫和被捕食性昆虫都不是孤立存在的，它们都是一个巨大生命网的组成部分，所有这一切都需加以考虑。或许在林区运用更传统的生物防治法机会最多。现代农业的农田都是高度人工化的，与大自然的构想完全不同；而森林却是另外一个世界，更贴近自然环境的世界。在这里，人类的帮助越少越好，尽最大可能不介入，大自然会自行其道，建立起一整套奇妙而错综复杂的制约与平衡机制，以保护森林免遭不必要的虫害。

在美国，我们的林业人员似乎以为生物防治法主要就是引进昆虫的寄生者和捕食者，加拿大人则视野更为开阔，而欧洲有些人走得最远，甚至将“森林卫生学”发展到了令人惊喜的程度。在欧洲林业人员看来，鸟类、蚂蚁、森林蜘蛛以及土壤细菌都跟树木一样，属于森林的一部分，因此，他们会小心翼翼地将这些保护性因素“接种”到一片新的林区。首先第一步就是引鸟回巢——在现今这个集约林业的时代，那些老空心树已不复存在，啄木鸟及其他在树上筑巢的鸟类自然也失去了家园。这一缺憾可以通过鸟巢箱来解决，它们会吸引这些鸟类重新回到森林。此外，也有专门为猫头鹰和蝙蝠设计的鸟巢箱，以便让这些“夜猫子”在黑夜里接过小鸟们白天未竟的事业，继续猎食昆虫。

不过这还仅仅是开始。欧洲林区最富魅力的防治手段是运用森林红蚂蚁作为一种攻击性的捕食昆虫——很遗憾，这一物种在北美地区不存在。大约二十五年前，维尔茨堡大学的卡尔·戈斯瓦尔德教授研发了一种方法用来培育这种蚂蚁并帮助它们建立集群。在他的指导下，联邦德国约九十个试验林区内，总共建成了超过一万座红蚂蚁集群。戈斯瓦尔德教授的方法也被意大利及其他国家采纳，蚂蚁农场也纷纷建成，以供林区投放蚁群。比如仅在亚平宁山脉，就有数百座蚁群建成，以保护再造的林区。

德国莫尔恩的一位林业官员海因茨·鲁珀特索芬博士说：“一旦你在林区获得了一个集鸟类、蚁类保护于一身，外加蝙蝠和猫头鹰这样的组合时，便意味着生物平衡已经得到了根本改善。”他相信，单一引入某种捕食性或寄生性昆虫，其效果显然比不上这样一整套树木“天然伙伴”的配置组合。

莫尔恩林区新建的蚁群有铁丝网保护，使其免遭啄木鸟劫杀，大大降低了死亡数量。要知道，过去十年间，某些试验区的啄木鸟数量增加了百分之四百。这一举措使其不至严重危及蚁群，同时又迫使它们不得已只好卖力啄食树上的有害毛虫。照料这些蚁群（也包括鸟巢箱）的工作大部分都由当地学校里十到十四岁的孩子组成的少年团承担了下来。这一项目的成本极其低廉，而其功效却可谓永久地保护了森林。

鲁珀特索芬博士实施的这项工程另外一个极为有趣的特色是他对蜘蛛的运用，在这方面他似乎算是先行者了。尽管有关蜘蛛的分类以及它们的自然发展史已有大量文献记载，不过大多零零散散、断断续续，而且完全没有谈及它们作为一种生物防治手段的价值所在。在已知的 2.2 万种蜘蛛当中，德国本土生长的共有 760 种（而美国本土则有近 2000 种）。栖居于德国森林区域的共有分属 29 个科的蜘蛛。

对林业人员而言，有关蜘蛛最重要的特征是它所织出的蛛网。轮网蜘蛛最为重要，因为它们织出的网极为细密，足以捕捉任何一种飞虫。十字园蛛织出的一张大网直径可达十六英寸，网丝上的黏性网结多达十二万个。平均而言，一只蜘蛛在其十八个月的寿命中可以消灭两千只昆虫，而一座生态学上健全的森林每平方米的面积内约有五十到一百五十只蜘蛛。如果蜘蛛数量不够的话，可以通过人工收集并分配含有蜘蛛虫卵的袋状卵巢来弥补。鲁珀特索芬博士说："三只横纹金蛛（美国也有）的卵巢即可孵出上千只蜘蛛，这些蜘蛛可以捕食二十万只飞虫。"他还说，春天里出现的轮网蜘蛛幼虫别看体小纤弱，却尤其重要，"因为它们擅于团队合作，在树冠的顶端结出一张大网，这样就可以保护新发嫩芽不受飞虫侵害"。随着蜘蛛蜕皮并继续生长，蛛网也逐渐扩大。

加拿大生物学家所贯彻的调查路线基本类似，不过受制于情势不同而略有差异：北美的森林大部分都是天然形成而非人工种植的，而在维护森林健康方面能够起到作用的物种也不尽相同。在加拿大，小型哺乳动物更受器重，因为它们在某些昆虫的防治方面效果惊人，尤其是对那些生存在森林地面松软土壤中的昆虫。比如其中一种——锯蝇，之所以得此名号，是因为雌蝇拥有一个锯齿状的产卵管，用来将常青树木的针叶割开，以便将卵产在里面。孵出的幼虫最终会掉落地面并成茧，裹在落叶松脚下满是泥沼苔藓的腐殖土中或者云杉和松树脚下的半腐层中。可是，在森林地被的下面还有着另外一个世界，那是由小型哺乳动物挖出的纵横交错、密如蜂窝的洞穴和通道。这些小动物包括白脚鼠、鼹鼠，以及各类鼩鼱。在所有这些打洞穴居的小动物中，贪吃没够的鼩鼱总是能找到并吃掉数量最多的锯蝇虫茧。它们会用前爪按住虫茧，然后从它的尾部一口咬下去；而且它们显然拥有一种非凡的本领，可以一下子辨别出虫茧是空的还是实的。要论贪得无厌的胃口，鼩鼱绝对没有对手——一只鼹鼠一天不过吃掉约两百只虫茧，可是鼩鼱呢，视其种属不同，最多者可以吞食掉八百只！这样一来，根据实验室的测定结论，75% 到 98% 的锯蝇虫茧都被消灭掉了。

如此看来，纽芬兰岛之所以对这种体形虽小却效率极高的小哺乳动物求之若渴也便不足为怪了，那里没有任何本地的鼩鼱品种，却又备受锯蝇的困扰；于是，1958 年，该地区尝试引进了其中最高效的一种锯蝇捕食者——假面鼩鼱。加拿大官员于 1962 年报道说，这次尝试已取得成功——鼩鼱正在大量繁殖，并已遍及全岛，有些标记过的鼩鼱个体甚至在距离施放地点十英里之外也有发现。

就是说，对于那些愿意去寻找长久之计以保护并加强森林自然生态关系的林业人员来说，其实有一整套的武器可以供他选择。林区运用化学病虫防治法充其量也只能当作权宜之计，可它并不能真正解决问题；而在最糟糕的情况下，它会杀光森林溪流里的鱼类，反过来却又加重了昆虫之灾，同时，它又破坏了自然控制作用以及我们之前努力人为引入的自然控制因素。鲁珀特索芬博士说，一旦使用了这种粗暴措施，那么“森林里生命之间的相互依存关系就会彻底失衡，因寄生虫而导致的灾难会反复再现，频率也会越来越高……因此，在我们仅存的这个至关重要而且几乎就是最后的自然生存空间里，这些违背

自然的操控措施必须结束了”。

所有这些全新的、富有想象力和创造力的方法，在解决我们与其他生物共享地球的问题上，都有一个不变的主题贯穿始终，即清醒地意识到我们是在对待生命——那些活生生的生物种群，以及它们的压力与反压力、它们的兴盛与衰败。只有充分考虑这些生命的力量，并谨慎地将其引向对我们有利的轨道，我们才能有望在昆虫群落和人类之间达成合理的共存。

目前大行其道的毒药防治法完全没有考虑到这些最基本的因素。化学武器的轮番攻击就像穴居的原始人手中挥舞的棍棒一样，被残酷地抛向最底层的生命世界，这个生命世界一方面的确脆弱、可以任由我们摧残，可是另一方面，它也具有奇迹般的韧性和复原能力，而且能够以意想不到的方式发动反击。生命的这些非凡本能却被那些化学防治的从业人员所无视，他们只管执行任务，完全没有任何“高尚的取向”；面对自然的强大力量，他们却肆意践踏，完全没有丝毫的谦卑之意。

“掌控自然”——这是人类因其妄自尊大而构想出的词汇，在它诞生的那个年代，生物学和哲学的观念还处在穴居野蛮人的低级阶段，以为自然就是为了方便人类而存在。应用昆虫学的概念和实践绝大部分都源于那个所谓科学的愚昧年代；如此蛮荒的科学而今却配备了最现代、最可怕的武器，在它举起这样的武器挥向昆虫的同时，却也跟整个地球反目成仇——这真是人类的不幸，它应该令我们警醒。